AF533250

Rezensionen über *Frag dein Tier*

»Anhand von Geschichten, Beispielen und einer Vielfalt von intuitiven Kommunikationsübungen zeigt Marta Williams ihren Lesern die Wunder der Tierkommunikation und die Vorteile auf, in der Gegenwart zu leben. Die Aufmerksamkeit, die Marta allen Aspekten der Schöpfung – auch den Wildtieren und Geschöpfen, die in unseren Gärten leben – widmet, macht es jedem möglich, sich auf das Innenleben der Tiere einzustellen, wenn er bereit ist, mit ihr auf diese wundersame Reise zu gehen.«

Allen und Linda Anderson, Autoren von
Angel Animals: Divine Messengers of Miracles

»Ich kann dieses Buch nur empfehlen. Auch Martas andere Bücher haben mir bei der Entwicklung meiner eigenen Fähigkeit, mit Pferden und anderen Tieren zu kommunizieren, sehr geholfen, aber *Frag dein Tier* ist mein persönlicher Favorit. Es hat mein Herz zutiefst berührt und mich dazu inspiriert, meine Beziehung zu Pferden noch zu vertiefen.«

Carolyn Resnick, ganzheitliche Pferdetrainerin und Autorin von
Tochter der Mustangs: Mein Leben unter Wildpferden

Rezensionen über *Lautlose Sprache*

»Martas wunderbares Buch ist eine wahre Inspiration und demonstriert klar und deutlich, warum und wie jeder Mensch mit Tieren kommunizieren kann und sollte … Ein absolutes Muss für jeden Tierfreund.«

Natural Horse Magazine

»Tiere haben Sinne, die über unsere fünf Sinne hinausgehen, und genau auf dieser Ebene findet die echte Kommunikation mit allen Lebensformen statt. Dieses wundervolle Buch von Marta Williams dient als Verifizierung der verzauberten Welt der Tierkommunikation und als Anleitung dafür, wie man in sie eintauchen kann.«

Marty Goldstein, Tierarzt und Autor von
The Nature of Animal Healing

»In unserer Gesellschaft, die blind auf den Verstand hört, ist unsere Intuition schon fast erloschen. Lassen Sie es zu, dass die Botschaft dieses Buchs Ihre innere Verbundenheit mit allen Lebensformen wiedererweckt.«

Julia Butterfly Hill, Aktivistin und Autorin von
Die Botschaft der Baumfrau

Rezensionen über *Ohne Worte*

»Marta Williams hat es wieder einmal geschafft! Ihre tiefsinnige und ergreifende Botschaft über die unerlässliche Kommunikation zwischen verschiedenen Spezies im Alltag ist notwendig, um uns unseren Platz in der natürlichen Welt zu vergegenwärtigen.«

Derrick Jensen, Autor von
Language Older Than Words

»Dieses Buch hat einen Puls, dessen Herz in seinem Mitgefühl für Tiere liegt. Marta Williams spricht nicht nur mit den Tieren, sondern bringt auch ihren Lesern bei, wie man das macht. Das Buch bietet ganz wichtige und wertvolle Augenblicke der Aufmerksamkeit.«

Linda Hogan, Autorin von
Dwellings: A Spiritual History of the Living World und *Power*

»Mein Hund Jessie und ich hatten das Glück, an einem Workshop mit Marta Williams teilzunehmen. Ich glaube, jeder, der mit Tieren lebt und sie liebt, wird von ihren Einblicken und ihrem angeborenen Lehrtalent profitieren.«

Catherine Ryan Hyde, Autorin von
Pay It Forward und *Electric God*

»Marta Williams ist eine glänzende Anführerin und Lehrerin. Ihr Buch zeigt auf sehr schöne Weise, wie man diese Kunst und Fähigkeit selbst lernen und praktizieren kann.«

SARK, Autorin und Künstlerin von
Make Your Creative Dreams REAL

Marta Williams

Frag dein Tier

Wie sich Verhaltensprobleme bei Tieren durch intuitive Kommunikation lösen lassen

Vorwort von Vanessa Williams

Aus dem Amerikanischen von
Johanna Ellsworth

14 Pamaron Way, Novato, Kalifornien, USA

2.Auflage 2012
91365 Weilersbach, Reifenberg 85
Tel: 0049(0)9194-8900, Fax 0049(0)9194-4262
E-Mail: info@reichel-verlag.de
www.reichel-verlag.de

ISBN 978-3-926388-98-8

Inhalt

Vorwort

Das erste Mal, als ich von Marta Williams hörte, befand ich mich in einer absoluten Paniksituation. Es war am 28. Mai 2007 um 10:45 Uhr – am amerikanischen Feiertag *Memorial Day*. Unser frecher kleiner Yorkie Enzo, der nach dem Vater des Ferraris benannt war und seinem Namen ganze Ehre machte, jagte unser Auto die Einfahrt hinunter. Das tat er oft, wenn wir wegfuhren, und blieb immer am Tor stehen, schnüffelte ein bisschen herum und ging dann wieder zum Haus zurück. Das Letzte, was ich an diesem Tag von Enzo sah, war sein kleines hellbraunes Gesicht und sein wuscheliger schwarzer Körper im Rückspiegel. Als ich den letzten Blick auf ihn warf, während er uns hinterherrannte, sagte ich zu meinem vierzehnjährigen Sohn Devin: »Sieh nur, wie süß Enzo ist.« Das Dach unseres Cabrios war unten, und es war ein herrlicher, sonniger Tag, an dem wir vier Straßen weiter fuhren, um Devin zum Treffpunkt der Band seiner Mittelschule zu fahren, damit er mit ihnen in der städtischen Parade mitmarschieren konnte.

In weniger als sieben Minuten war ich wieder zu Hause und überrascht, als ich einen großen SUV-Van auf dem Privatweg parken sah. Er war mir schon auf dem Hinweg begegnet, doch jetzt wunderte es mich, dass er vor unserer Anhöhe stand. Während ich darauf wartete, dass der Wagen den Weg freimachte, fuhr er an den Straßenrand, damit ich vorbeifahren konnte. Als ich in unsere Einfahrt abbog und das Tor zu unserem Grundstück zumachte, ging ich immer noch davon aus, dass Enzo im Haus war. Sobald ich drinnen war, rief ich den anderen Mitgliedern der Familie zu, sich für die Parade fertig zu machen. Sie fing um 11:00 Uhr an, und wir wollten gute Plätze ergattern. Meine älteste Tochter Melanie beschloss, lieber zu Hause zu bleiben und den strahlenden Frühsommertag am Swimmingpool zu verbringen.

Wir anderen verließen das Haus und fuhren in die Stadt. Wir dachten, Enzo sei am Pool bei Melanie. Wir schauten zu, wie Devin vorbeimarschierte und sein Saxophon spielte, winkten unserer Nachbarin Hillary Clinton zu und gedachten unserer Veteranen in einer Feier am Bahnhof von Chappaqua. Dann fuhren wir nach Hause, öffneten die Tür und waren überrascht, als Enzo sich nicht zeigte, um uns wie sonst zu begrüßen. Ich ging erst nach oben und dann nach hinten zum Pool, um Melanie zu fragen, wo Enzo steckte. Sie sagte, sie wüsste es nicht, er sei sicher irgendwo im Haus.

Da war mir klar, dass etwas ganz und gar nicht in Ordnung war.

Das Bild des dunkelblauen Vans, Modell Expedition, der auf unserer Straße geparkt hatte … mein Bauchgefühl, das mich veranlasst hatte, sofort das Tor vor unserer Auffahrt zu schließen … alles ergab plötzlich Sinn. Nachdem ich Enzo überall gerufen hatte und jeden Waldweg und Teich nach ihm abgesucht hatte, wusste ich, dass ich die Polizei rufen und ein gestohlenes Haustier melden musste.

Die Polizei von Mount Pleasant war rasch da, und ein äußerst mitfühlender Polizist, der selbst Tierfreund war, nahm meine Anzeige entgegen. Ich beschrieb das Fahrzeug, das ich in der Nähe unseres Grundstücks gesehen hatte, doch das Kennzeichen hatte ich mir nicht gemerkt.

Der Polizeibeamte sagte mir, dass ein so kleiner Hund wie Enzo die Beute eines Kojoten oder Habichts sein könnte. Ich hörte zwar höflich zu, doch in meinem Herzen wusste ich genau, dass Kojoten und Habichte keinen dunkelblauen Expedition fuhren und dass Enzo zu klug und schnell für Raubtiere war. Als nächste Maßnahme rief ich den örtlichen Fernsehsender Channel 22 an, der uns innerhalb weniger Minuten eine Fernsehcrew ins Haus schickte. Ich wollte die Nachricht übermitteln, dass Enzo entführt worden war, ein Foto von ihm veröffentlichen und darum bitten, ihn bei einem Tierarzt oder in einem Tierschutzheim abzugeben.

Die erste Kommunikatorin, die wir anriefen, sagte, Enzo sei allein und in der Nähe eines weißlich-grauen oder beigefarbenen Gebäudes. Sie erwähnte viele Felsbrocken, ein altes Tor oder einen Pavillon und eine Rasenfläche neben einer Garage. »Er versucht zu entkommen, aber er schafft es nicht«, sagte sie uns. »Setzen Sie sich auf die Erde, holen Sie tief Luft und bringen Sie ein Quietschtier mit.« Felsbrocken, ein Bogentor, ein Pavillon? Das war doch unser Vorgarten und der Nachbargarten auf der anderen Straßenseite! Wir rannten mit Enzos Quietschtier hinunter, setzten uns auf den Boden und riefen ihn. Ein Teil von mir wollte verzweifelt irgendein Zeichen von ihm bekommen. Vielleicht war er verletzt oder steckte in einer Falle. In der Nacht riefen wir ihn immer wieder beim Namen und suchten mit Taschenlampen nach ihm. Dann fing es an zu regnen. Immer noch keine Antwort. Wir beteten zum Heiligen Antonius von Padua, dem Schutzpatron für das Wiederauffinden verlorener Dinge, und als zusätzliche Unterstützung baten wir ihn jeden Morgen und Abend vereint als Familie um Beistand. Dann machten wir uns an die Arbeit. Meine ganze Familie, mein Assistent und unser Kindermädchen Kathi, das seit 17 Jahren bei uns war, stellten Plakate her, um überall die Meldung zu verbreiten, dass Enzo gestohlen worden war. Ich betete, dass man ihn gut behandelte und er am Leben blieb. Nachdem ich bis Donnerstag, den 31. Mai, nur zwei Anrufe von Leuten erhalten hatte, die Enzo gesehen haben wollten – was sich als falsch herausstellte –, ließ ich meinen Assistenten Brian in Los Angeles einen Termin mit einem Tierkommunikator machen. Er hielt mich nicht für verrückt. Wie wir beide wussten, hatte die Polizei keine Spuren und die Poster brachten keine Ergebnisse. Es waren schon zu viele Tage vergangen, und jedes Mal, wenn ich an Enzos leerem Futternapf vorbeiging, war ich den Tränen nahe. Wir suchten im Internet und fingen an, anzurufen.

Enzo

In der Hoffung auf neue Spuren suchte mein Assistent nach weiteren Tierkommunikatoren. Marta Williams' Name tauchte immer wieder im Internet auf, und so bat ich Brian, meine erste Telefonsitzung mit Marta zu vereinbaren. Sie fand am Freitag, dem 1. Juni um zehn Uhr morgens statt. Marta bat mich, Enzos Charakter zu beschreiben, und sagte, sie rufe mich in einer Stunde zurück, nachdem sie mit ihm Kontakt aufgenommen habe. Als Marta Williams zurückrief, informierte sie mich als Erstes, dass Enzo ihr gesagt habe: »Ich bin ein guter Hund, ich würde nach Hause kommen. Ich würde nicht wegrennen.« In diesem Augenblick wäre ich fast in Tränen ausgebrochen, weil ich wusste, dass er ein guter Hund war und nie aus unserem Grundstück ausgebüxt wäre. Wie sie bestätigte, war er tatsächlich von einem Mann und einer Frau vom Boden aufgehoben worden. Sie hatten ihn mit Futter (möglicherweise Hühnchen) gelockt und waren in einem dunkelblauen SUV circa dreißig bis vierzig Meilen in südwestlicher Richtung mit ihm gefahren. Marta Williams teilte mir sogar das Kennzeichen des Fahrzeugs mit, damit ich es an die Polizei weitergeben konnte. Sie glaubte, dass er in einem Käfig gehalten wurde, dass noch andere Hunde um ihn herum waren und dass das Futter schlecht war. Wie sie sagte, war das Gebäude nicht in der Nähe von anderen Häusern. Marta hatte das Gefühl, Enzos Fänger könnten zu einem kriminellen Ring gehören, der Rassehunde wie zum Beispiel Yorkshire Terrier verkaufte.

Enzo hatte einen Mikrochip mit all meinen Kontaktdaten, und in der Zwischenzeit hatte ich die Firma *Home Again,* die die Mikrochips für Haustiere herstellt, schon informiert, dass Enzo verschwunden war. Marta schlug vor, wir sollten die Webseite *Pet Hunters* überprüfen, weiterhin Poster und Flugblätter südlich von unserem Wohngebiet verteilen und die Schwarzmarkt-Webseiten durchforsten. Sie sagte mir, ich solle sie am nächsten Tag anrufen, nachdem sie wieder mit Enzo gesprochen habe. Bei der zweiten Sitzung hatte Marta sich eine Karte von unserer Gegend angesehen und hielt Yonkers für einen interessanten Ort, der dreißig Meilen südwestlich von unserer Stadt lag. Wie sie vorschlug, sollten wir auf dem Highway fahren, die zweite Ausfahrt unter der Brücke nehmen und geradeaus bis zum Wasser weiterfahren. Das war die Beschreibung, die Enzo ihr als Vision seiner Reise geschickt hatte. Marta hatte einen Fischmarkt und eine Flugzeughalle oder eine Struktur, die wie Flugzeugschuppen im Wasser aussah, vor Augen. Sie hielt es für möglich, dass den Leuten, die Enzo mitgenommen hatten, bekannt war, dass er mein Hund war, und dass sie ihn in einer größeren Gruppe von Hunden hielten, die alle in einem großen weißen Gebäude nahe einer Brücke untergebracht waren. Nun, mehr brauchte ich nicht zu hören. Enzo war am Leben und wurde in einem Käfig gefangen gehalten. Er konnte das Futter und die Leute, die ihn mitgenommen hatten, nicht ausstehen. Ich rief mein Kindermädchen Kathi, nahm die Flugblätter und einen Baseballschläger und war bereit, meinen Hund zurückzuholen. Kathi fuhr, und da wir zu unbekannten Gegenden aufbrachen, verstaute sie auf dem Rücksitz noch eine Eisenstange.

Vanessa ganz rechts mit ihren Kindern und Hunden

Während wir dreißig Meilen auf dem Saw Mill Parkway in Richtung Süden und Yonkers fuhren, hielt ich den Schläger in der Hand und las Martas Wegbeschreibung durch. Wir bogen vom Highway ab in Richtung des Hudsons, überquerten die Bahnschienen und fanden direkt am Wasser Flugzeughallen. Darin waren jedoch keine Flieger untergebracht, sondern eine Reparaturwerkstatt für Taxis. Wir drehten um, suchten die Brücke und entdeckten ein weißes Gebäude, das wie ein kleines Lager aussah. Es stand in einiger Entfernung von den anderen Gebäuden. Ich machte sofort Fotos von dem Gebäude und versuchte hineinzugehen, weil ich durchs Fenster schaute und Stapel von Hundefuttersäcken erkennen konnte.

Aber wo war der Fischmarkt? Wir fuhren durch die Gegend, notierten die Kennzeichen sämtlicher dunkler Expeditions, doch einen Fischmarkt konnten wir nicht finden. Ich war ganz sicher, dass Enzo in dem Gebäude gefangen gehalten wurde. Wir umkreisten den Block und befuhren die Straße von der anderen Seite. An der Straßenecke stand ein Restaurant mit einem großen Fisch im Fenster. Voilà! Jetzt wusste ich, dass wir uns am richtigen Ort befanden. Während meiner dritten Sitzung mit Marta bestätigte ich ihr, wie unglaublich exakt sie die Gegend beschrieben hatte. Wie sie mir sagte, hatte sie sich mit Kollegen beraten, um noch mehr Informationen zu sammeln. Sie fühlte, dass Enzo immer noch am selben Ort war. Zwei Männer und eine Frau, die einen weißen Laster vor dem Gebäude geparkt hatten, befanden sich in seiner Nähe. Marta bat eine ihrer Kolleginnen um Unterstützung in unserem Fall. Auch sie hatte das Gefühl, dass Enzo gekidnappt worden war, doch ihrer Meinung nach war er nicht so weit südlich wie Yonkers.

Sie sagte uns, wir würden am achten Tag von Enzos Verschwinden etwas über ihn erfahren. Eine andere Kollegin von Marta fühlte, Enzo sei aus dem Bundesstaat New York nach Neuengland verschleppt worden. Seine Fänger wüssten, dass der Boden heiß war, da ich in jedem Fernsehinterview erwähnt hatte, dass Enzo gestohlen worden war und einen Mikrochip mit all meinen Kontaktdaten trug.

Ich hatte gar nicht gewusst, wie viele Tierfreunde es in den Medien gibt!

Am 5. Juni, dem achten Tag seit Enzos Verschwinden, erhielt ich vom Davis Animal Hospital in Stamford, Connecticut, einen Anruf. Die Tierärztin am Telefon fragte, ob ich Vanessa Williams sei, und ich bejahte es. Dann sagte sie: »Wir haben Ihren Hund.« Ich fragte sie, ob sie sicher sei, und sie sagte, sie habe den Chip gelesen und darauf meine Telefonnummer gefunden. Die Frau, die Enzo in die Tierklinik gebracht hatte, habe gesagt, sie würde mich kennen. Also bat ich die Tierärztin, mit der Frau sprechen zu dürfen. Sie übergab ihr das Telefon, und die Fremde erzählte, sie hätte als Kinderschwester für eine Bekannte von mir gearbeitet, die in unserem Ort wohnte. Dann behauptete sie, ihre Mutter hätte Enzo in einem Nachbarort mehrere Meilen entfernt gesichtet, während er in den Straßen herumstreunte. Das war nicht mein guter Hund – die Geschichte klang unglaubwürdig. Ich legte auf, rannte durchs Haus, um den anderen die gute Nachricht zu eröffnen, und setzte die Kinder ins Auto, um nach Connecticut zu fahren. Da ich am Abend eine Auszeichnung in Manhattan entgegennehmen musste, fuhr Kathi mit den Kindern los, um unseren Wunderhund abzuholen. Wie sie feststellten, als sie dort ankamen, war Enzos Fell abrasiert worden, er trug ein neues Halsband, und die Frau sagte, er hätte nichts gefressen. Bingo!

Ich rief die Polizei an und informierte sie, dass Enzo in einem anderen Bundesstaat zurückgegeben worden war. Die Beamten staunten Bauklötze! Sie kamen sofort zu uns nach Hause, um mich noch einmal als Geschädigte eines möglichen Hundediebstahls zu vernehmen. Ich erzählte ihnen dieselbe Geschichte, die ich schon acht Tage vorher erzählt hatte. Jetzt wussten sie, dass ich nicht verrückt war! Die Polizei befragte die Frau, die Enzo angeblich im Nachbarort aufgegriffen hatte, und raten Sie mal, was für einen Wagen ihre Tochter auf dem Parkplatz vor der Polizeiwache abstellte? Einen dunkelblauen Expedition mit New Yorker Kennzeichen!

Die Story, die sie erzählten, wurde immer unglaubwürdiger. Es wäre ihr Sohn gewesen, der den SUV am Memorial Day gefahren hätte, und ihre Tochter gab plötzlich einen anderen Grund an, warum sie Enzo bei dem Tierarzt in Connecticut abgegeben hatte. Ich beschloss, keine Strafanzeige gegen die Leute zu erstatten, weil ich glücklich war, Enzo überhaupt wiederzuhaben.

Marta hatte mich auf eine Reise geschickt, die mich zu einem Gebäude geführt hatte, in dem womöglich ein illegaler Hundehandel untergebracht war. Sie hatte uns einen Zeitrahmen genannt, uns Details gegeben, mit denen wir arbeiten konnten, und unsere Hoffnung am Leben erhalten. Und wir erlebten ein echtes Happy End!

Diese Erfahrung lehrte mich, dass intuitive Kommunikation allen Tierfreunden in guten und in schlechten Zeiten nützt. Ich bin sicher, Sie werden in diesem Buch viele praktische Dinge finden, mit denen Sie Ihrem Tier helfen können. Und ich glaube, Sie werden an den vielseitigen und interessanten Geschichten Gefallen finden. Ich hoffe, Sie werden nie in die unglückliche Lage kommen, ein vermisstes Tier suchen zu müssen, aber für den Fall aller Fälle ist es gut zu wissen, dass Sie Unterstützung und Hilfe in *Frag dein Tier* finden können.

Vanessa Williams, Schauspielerin und Sängerin

Danksagungen

Immer wenn ich am Schreibtisch saß und an meinen beiden ersten Büchern schrieb, legte sich meine Katze Hazel in ihren Korb neben dem Computer und half mir tatkräftig mit Ideen und Inspirationen aus. Als ich mit *Frag dein Tier* anfing, starb Hazel im stolzen Alter von vierundzwanzig Jahren an Nierenversagen. Sie können sich sicher vorstellen, wie verzweifelt ich war. Ohne meine tierische Co-Autorin an meiner Seite war es schwer, sich hinzusetzen und zu schreiben. Tule, die früher eine Wildkatze gewesen war, war meine Retterin. Sie legte sich ins Körbchen, streckte sich und warf mir mit ihren meergrünen Augen einen Blick zu, der fragte: »Worauf wartest du noch! Lass uns loslegen!« Sie ermöglichte es mir, trotz des Verlusts weiterzuschreiben. Sie war ein richtiger Segen für mich, und ich bin ihr dankbar.

In diesem Buch gebe ich Ratschläge, die ich für wertvoll halte und die ich über die Jahre von Freunden und Unterstützern erhalten habe. Einigen von ihnen gilt mein besonderer Dank. Für alles, was mit Pferden zu tun hat, danke ich Tiffany Ashcraft und Kelly Michalec, und ich bedanke mich bei Christie Keith und Lisa Pesch, DVM, für ihr unerschöpfliches Wissen über Hunde und Katzen. Ich bin ziemlich sicher, dass Sie dieses Buch als lehrreich und gleichzeitig unterhaltsam empfinden werden – nicht wegen meiner Schreibkünste, sondern wegen der wahren Geschichten. Auch gilt mein Dank allen Tieren und Menschen, die zu diesem Buch beigetragen haben. Eure wundervollen Geschichten verdienen es, auf der ganzen Welt gelesen zu werden. Ein besonderes Dankeschön an Vanessa Williams für ihr Vorwort und dafür, dass sie ihre Erfahrungen aufgeschrieben hat, wie die intuitive Verbindung zu ihrem vermissten Hund Enzo ihn sicher nach Hause zurückgebracht hat.

Dieses Buch wäre nie entstanden, wenn die New World Library sein Potenzial nicht erkannt hätte. Ich bin dankbar für die Chance, meine Informationen auf diese Weise an andere weitergeben zu können. Gute Lektoren können aus einem guten Buch ein hervorragendes machen, und meine Lektorinnen gehörten zu den besten unter ihnen: Georgia Hughes, Cheflektorin der New World Library, meine Schwester Susan Williams und der Korrektor Jeff Campbell. Ich bin ihnen für ihre gründliche Arbeit sehr dankbar. Ein neues Buch bedeutet eine neue Gelegenheit, mit meiner Lieblingspublizistin Monique Muhlenkamp zusammenzuarbeiten. Mein Dank geht auch an die Textdesignerin Tracy Pitts für das schöne Innenleben des Buchs und an die Coverdesignerin Mary Ann Casler, die während der umfangreichen Suche nach dem perfekten Umschlagdesign immer fröhlich und professionell blieb.

Einleitung

Neulich tauchte ein kleiner gescheckter Plotthund auf meiner Veranda auf. Er war am Verhungern und so untereernährt, dass er nur halb so groß wie ein normaler ausgewachsener Plott Hound war. Sein Körper war von alten Bisswunden übersät, weil er von anderen Hunden angegriffen worden war. Als ich zu ihm ging, um ihn am Kopf zu streicheln, duckte er sich. Das ist ein sicheres Anzeichen dafür, dass ein Hund geschlagen worden ist. Er wollte gerettet werden. Da der Hund sich gut mit meinen eigenen Hunden vertrug, beschloss ich, ihn zu behalten, wenn er sich meinen anderen Tieren anpassen konnte. Wenn nicht, würde ich ein gutes Zuhause für ihn finden.

Als erstes führte ich ein langes Gespräch mit ihm. Dabei sprach ich laut zu ihm, so als könnte er jedes Wort verstehen, was ich sagte. Ich erklärte, wie er sich den Pferden und den Katzen gegenüber verhalten muss, wenn er bei uns bleiben will. Nach unserem Gespräch schloss ich die Augen und stellte mir vor, dass er genau das tat, worum ich ihn gebeten hatte. Um ihn an den Pferden zu testen, ging ich mit ihm hinunter zum Stall. Zuerst rannte er ihnen nach, doch sobald ich ihm sagte: »Du musst nett zu den Pferden sein und sie in Ruhe lassen«, blieb er stehen und setzte sich hin. Als wir zwischen den Pferden hin und her gingen, wies ich ihn an: »Bleibe ihren Hufen fern und bleibe immer ruhig, wenn du in ihrer Nähe bist.« Innerhalb weniger Minuten hatte er es kapiert und bewegte sich so gekonnt, als wäre er schon sein Leben lang mit Pferden zusammen gewesen.

So weit, so gut, aber ich muss noch sehen, wie er sich den Katzen gegenüber benimmt. Solange er kein allzu aggressives Verhalten zeigt, glaube ich, den neuen Hund und meine Katzen in einer Woche dazu bringen zu können, einander zu tolerieren. Dazu brauche ich ihnen nur mitzuteilen, was ich möchte, und mir dann vorstellen, dass sie sich vertragen. Wahrscheinlich muss ich mir ein paar Dinge einfallen lassen, mit denen ich meine Katzen bestechen kann, damit sie bei dem Experiment mitmachen. Und vielleicht muss ich noch ein paar traditionelle Trainingssitzungen mit positiven Bestätigungen hinzufügen, um das Verhalten des Hundes erfolgreich zu verändern. Der Prozess wird jedoch immer noch schneller sein, als traditionelles Training allein bewirken könnte. Das weiß ich daher, weil ich seit über einem Jahrzehnt an meinen eigenen Tieren und den Tieren meiner Klienten erfolgreich telepathische oder gedankliche Kommunikation anwende, um Harmonie zwischen Tieren zu schaffen und andere Verhaltensprobleme zu bewältigen. Ich nenne dies intuitive Kommunikation und arbeite als Tierkommunikatorin. Dabei unterstütze ich Menschen und ihre Tiere und helfe den Leuten zu hören, was ihre Tiere ihnen zu sagen haben.

Wie so ziemlich jeder auf dieser Welt dachte ich anfangs auch, dass eine intuitive Kommunikation mit Tieren reine Science-Fiction wäre. Doch zugleich faszinierte mich diese Vorstellung. Daher suchte ich mir Romane aus, in denen telepathische Kommunikation mit Tieren vorkam, und träumte vor mich hin, wie es wäre, wenn Menschen und Tiere auf diese Weise miteinander in Kontakt treten könnten. Ich habe sicher jedes Buch verschlungen, das Marion Zimmer Bradley und Andre Norton je geschrieben haben. Und ich kann mich noch gut daran erinnern, wie aufregend es war, eine Geschichte über eine Frau zu lesen, die mit ihrer Schlange sprechen konnte, mit der sie Krankheiten und Wunden heilte, und eine andere Geschichte über eine Frau, die Falknerin war und mit ihrem Habicht Gedanken austauschen konnte. Während ich diese Bücher las, hatte ich noch keine Ahnung, dass es Menschen wirklich möglich ist, das zu tun, was darin beschrieben wurde, oder dass ich es mir zu meiner Lebensaufgabe machen würde, Menschen auf der ganzen Welt zu helfen, ihre Fähigkeit der intuitiven Kommunikation mit Tieren und der Natur zu erkennen und auszubilden.

Meine Sicht der Welt änderte sich für immer, als ich Urlaub in den White Mountains von Kalifornien machte. Dort hörte ich von einer Frau, die Menschen beibrachte, wie man intuitiv mit Tieren kommuniziert. Ich war von der Vorstellung fasziniert und hoffte nur, dass es kein Märchen war. Ich konnte es kaum erwarten, einen Kurs zu besuchen, und meldete mich sofort nach meiner Heimkehr an. Meine Eindrücke waren nach diesem Abenteuer jedoch gemischt. Zwar war ich ziemlich sicher, dass die Lehrerin und ein paar der Kursteilnehmer wirklich mental mit Tieren kommunizieren konnten, doch ich zweifelte stark an meinen eigenen Fähigkeiten. Ich bin von Haus aus Wissenschaftlerin, habe Biologie studiert und arbeitete zum Zeitpunkt des Kurses als Umweltforscherin. Meine wissenschaftliche Ausbildung gab mir eine skeptische Einstellung zur unsichtbaren Fähigkeit der intuitiven Kommunikation. Wie ich merkte, würde ich einige greifbare Beweise brauchen, bevor ich glauben konnte, mit Tieren gedanklich zu kommunizieren. Daher startete ich die interessantesten wissenschaftlichen Experimente, die ich jemals durchgeführt habe.

Letztendlich brachte ich mir selbst bei, wie man intuitiv mit Tieren kommuniziert. Als Erstes las ich alle Bücher über übersinnliche Wahrnehmungen, Telepathie, hellseherische Fähigkeiten und Intuition, die ich finden konnte – und die ich alle für unterschiedliche Begriffe ein und desselben Phänomens halte. Das inspirierendste Buch von allen war für mich *Die große Gemeinschaft der Schöpfung* von J. Allen Boone. Boone, der in den 1940er Jahren Drehbücher für Hollywood schrieb, erzählt in seinem Werk, wie ein berühmter Fernsehhund namens Strongheart ihm die stumme Sprache der intuitiven Kommunikation beibrachte. Wenn Sie nur ein einziges Buch über Tierkommunikation lesen, dann sollten Sie dieses wählen. Als ich die Grundprinzipien, wie man durch Gedanken und Gefühle Informationen aussendet und erhält, verstand, fing ich an zu üben. Ich sprach mit allen lebendigen Kreaturen und begrüßte jedes Tier, dem ich begegnete, in Gedanken. Ich kann mich vor allem noch an einen Hund erinnern, der mir den Rücken zugekehrt hatte, als ich ihm einen mentalen Gruß schickte. Als Antwort drehte er sich sofort um, überschlug sich fast vor Freude und versuchte, zu mir herüberzurennen, um mich zu begrüßen. Sein sprachloser Besitzer bemerkte: »Wow, aus irgendeinem Grund mag er Sie total!«

Ich kommunizierte mit wilden Tieren und Insekten – Schmetterlingen, Rehen, Kolibris und Ameisen. Ich redete sogar mit den Pflanzen in meinem Garten und ermutigte sie zum Wachsen und zum Blühen. Freunde, Verwandte und Kollegen der wissenschaftlichen Fakultät, denen ich meine Versuche anvertraute, hielten mich für komplett verrückt. Aber es war mir egal; zu diesem Zeitpunkt war ich schon völlig in den Bann der Tierkommunikation gezogen und konnte nicht mehr anders, als meine Experimente fortzusetzen.

Da ich ausgebildete Wissenschaftlerin bin, sorgte ich dafür, dass wenigstens ein Teil meiner Arbeit nachgeprüft und verifiziert werden konnte. Das tat ich, indem ich Haustieren Fragen stellte und mir die Antworten anschließend von den Menschen bestätigen ließ, die die Tiere kannten, um meine Ergebnisse zu untermauern. Oft tat ich dies, ohne dass irgendjemand es ahnte. So stellte ich zum Beispiel im Wartezimmer der Tierklinik einer Katze Fragen über den Grund, warum sie dort war, und fragte ihren Halter dann beiläufig dasselbe. Oder beim Spazierengehen fragte ich einen Hund, ob er Kinder mochte oder gern im Wasser schwamm, und dann stellte ich seinem Menschen unter irgendeinem Vorwand dieselbe Frage über den Hund. Auf diese Weise konnte ich auswerten, ob das, was ich empfing, korrekt war, und ob ich wirklich intuitiv mit Tieren sprechen konnte.

Nach ungefähr sechs Monaten erlebte ich ein paar durchschlagende Erfolge, bei denen ich Informationen erhielt, die ich mir nicht eingebildet haben konnte. Das überzeugte mich schließlich, dass ich die Fähigkeit zur Tierkommunikation besitze und dass die erhaltenen Informationen akkurat sind. Mittlerweile erlebe ich solche Erfolge täglich. Vor kurzem sprach ich aus einer gewissen Entfernung mit einer Hündin, die ich noch nie gesehen hatte. Ich hatte nur ihren Namen und eine Beschreibung. Von ihr erhielt ich die Auskunft, dass sie eine herumstreunende Hündin gewesen war, die fast verhungert wäre, und dass sie eine Frau namens Cheryl sehr mochte. Ihr Frauchen bestätigte, dass die Hündin umhergestreunt und fast verhungert war, als sie aufgegriffen wurde. Sie sagte auch, Cheryl sei die Lieblingshundetrainerin der Hündin.

Ich sage meinen Kursteilnehmern immer, dass sie möglicherweise mehrere überzeugende Erfahrungen brauchen, bevor sie an ihre eigene intuitive Kommunikationsfähigkeit glauben können. Der Grund dafür liegt vermutlich darin, dass wir in der heutigen Kultur konditioniert werden zu glauben, intuitive Kommunikation sei unmöglich, vor allem, wenn wir uns selbst darin versuchen. Nach meinen anfänglichen Erfolgserlebnissen machte ich weitere Experimente und stellte fest, dass die erhaltenen Informationen allmählich immer genauer wurden. Ich begann, meine ersten realen Fälle als Tierkommunikatorin zu behandeln. Einer davon war ein Pferd, das plötzlich aufmuckte. Seiner Besitzerin wurde geraten, es zu verkaufen, und ihr brach das Herz, weil sie sich nicht von ihm trennen wollte. Sie hoffte auf eine Lösung von mir. Als ich mit dem Pferd sprach, zeigte es mir, dass eine seiner Rippen ausgerenkt war. Das war der Grund für sein nervöses Verhalten. Ein Heilpraktiker behandelte das Pferd und stellte bei einer Rippe eine ausgeprägte Fehlstellung fest. Nach der Behandlung wurde das Verhalten des Pferdes wieder normal. In einem anderen Fall half ich einer Frau, ihren alten Hund wiederzufinden, der mir mitgeteilt hatte, dass er in einer Spalte am Fuße eines hohen Hügels feststeckte. Der Hügel und die Spalte, die der Hund mir mental beschrieben hatte, passten zwar zu dem Gebiet, in dem die Frau ihren Hund gesucht hatte, doch sie war nicht den ganzen Hügel bis zur Spalte hinuntergestiegen. Als ich ihr riet, dort zu suchen, fand sie genau an dieser Stelle ihren Hund.

Über die Jahre, in denen ich mit den Tieren meiner Klienten gesprochen habe, hatte ich Tausende von Erlebnissen dieser Art. Mittlerweile bin ich vollkommen überzeugt davon, dass intuitive Kommunikation ganz real ist und dass jeder sie erlernen kann, wenn er es will. Die Informationen, die ich bei der Durchführung meiner Experimente sammeln konnte, fallen in die Kategorie der Daten durch Anekdoten. Diese sind oft subjektiv und nicht messbar. Doch die Genauigkeit der Fakten, die bei der intuitiven Kommunikation mit Tieren übermittelt werden, lässt sich verifizieren und wiederholbare Experimente sind möglich. Deshalb sind die so gesammelten Daten von wissenschaftlicher Bedeutung. Tatsächlich gibt es so viele Nachweise über die Genauigkeit der intuitiven Kommunikation, dass es nicht glaubwürdig ist, ihre Bedeutung zu *verneinen*. Dennoch verneint die klassische Wissenschaft sie, vielleicht da die Anerkennung der intuitiven Kommunikation eine wesentliche Überarbeitung der wissenschaftlichen Theorie und Praxis in Bezug auf andere Lebensformen notwendig machen würde. Vor langer Zeit habe ich entschieden, mich nicht darum zu scheren, wie Wissenschaftler darüber denken, oder darauf zu warten, dass sie ihre Erkenntnisse auf diesem Gebiet auf den neuesten Stand bringen. Ich habe beschlossen, mich so weit wie möglich in dieses Neuland vorzuwagen und diese Fähigkeit denjenigen zugänglich zu machen, die sie erlernen möchten.

Das war vor über zehn Jahren. Jetzt arbeite ich nur noch als Tierkommunikatorin und helfe anderen bei allen möglichen Problemen, die sie mit ihren Tieren haben. Ich reise um die Welt, um Menschen beizubringen, wie sie intuitiv kommunizieren können. Ich habe festgestellt, dass alle Menschen diese Fähigkeit besitzen; sie ist uns angeboren. Wir sind bloß abgerichtet worden, sie zu unterdrücken, und uns wurde eingetrichtert zu glauben, dass so etwas unmöglich sei. Das ist einfach nicht wahr. Die Welt funktioniert nicht so, wie man uns beigebracht hat. Jeder kann mit Tieren sprechen und hören, was sie zu sagen haben. Doch durch unsere kulturelle Konditionierung ist es unter Umständen nicht ganz einfach, die Tierkommunikation zu erlernen. Genau das will ich ändern. Ich habe Jahre damit verbracht, Techniken zu entwickeln, mit denen andere so schnell und mühelos wie möglich lernen können, intuitiv zu kommunizieren, und ich habe zwei weitere Bücher über dieses Thema geschrieben. In *Lautlose Sprache* biete ich detaillierte Anleitungen und Übungen, wie man intuitiv mit Tieren und der Natur kommuniziert, und *Ohne Worte* ist eine Sammlung von Erfolgsgeschichten von ganz normalen Leuten wie du und ich, die gelernt haben, intuitiv zu kommunizieren.

Im vorliegenden Buch konzentriere ich mich darauf, wie Sie Ihre eigenen Tiere intuitiv hören und von ihnen gehört werden können, und ich zeige Ihnen, wie Sie mit Hilfe von intuitiver Kommunikation häufige Verhaltensprobleme von Tieren lösen können. Auch werden Sie lernen, wie man die Tierkommunikation einsetzen kann, um geretteten Tieren und anderen Tieren in Not zu helfen, wie man damit vermisste Tiere wiederfinden kann, wie man mit dem Tod eines Tieres umgehen kann und wie man Harmonie und Ausgewogenheit herstellen kann – zu Hause und zwischen Mensch und Natur.

Der Prozess der intuitiven Kommunikation lässt sich in zwei Teile unterteilen: dem Senden und dem Empfangen. Das Senden ist der leichte Teil. Manchmal reicht schon ein simples Gespräch, um eine schwierige Situation mit Ihrem Tier zu meistern.

Debby Hand, eine Freundin meiner Schwester, nahm einen jungen Huskymischling auf, der in ihrer Nachbarschaft ausgesetzt worden war. Der Hund hatte auf den Feldern gelebt und war schon fast verwildert, als er von einem Nachbarn hereingeholt und ein bisschen gezähmt wurde. Debby erklärte sich bereit, den Hund zu übernehmen, als ihr Nachbar sich nicht mehr um ihn kümmern konnte. Sie taufte den Hund Sparkey. Wie sie bald herausfand, war Sparkey bissig. Wenn sie ihn am Halsband packte, schnappte er nach ihr. Debby wollte ihn eigentlich nicht selbst behalten, doch sie konnte niemandem einen bissigen Hund vermitteln, und in einem Tierheim würde er mit Sicherheit eingeschläfert werden *(wie es in den USA üblich ist).*

Sparky

Meine Schwester gab Debby mein Buch *Lautlose Sprache,* und Debby entschied, dass sie nichts zu verlieren hatte. Also konnte sie genauso gut versuchen, mit Sparkey über seine Bissigkeit zu sprechen. Sie erklärte ihm laut: »Wenn du so weitermachst, wirst du sterben, Sparkey. Du musst aufhören zu beißen.« Am nächsten Tag fasste Debby ihn am Halsband, ohne zu überlegen. Sparkey fing an, sie zu beißen, doch dann hielt er inne und zog langsam das Maul von ihrer Hand weg. Von diesem Tag an versuchte er nie mehr, Debby zu beißen. Wie lässt sich die plötzliche Änderung in seinem Verhalten erklären – es sei denn, er hat Debby gehört und verstanden? Aus Sparkey wurde ein wunderbarer, liebevoller und gutmütiger Familienhund.

Weitere Beispiele

Noch ein Beispiel dieser Art stammt von meiner Freundin und Kollegin Adele Leas[1]. Adele unterhält ein Pferd namens Cali und reitet jeden Tag am Ufer des Mississippi in New Orleans mit ihm. Eines Tages rief sie mich an und erzählte mir, dass sie wieder einmal mit Cali unterwegs gewesen war. Sie war mit der Stute spazieren gegangen und hatte Cali am Ufer grasen lassen, als Cali sich plötzlich aus dem Halfter gezwängt hatte. Adele geriet in Panik. Ihr war klar, dass das Pferd voller Energie war und jeden Augenblick losrennen konnte, während sich auf der einen Seite Zuggleise befanden und auf der anderen Seite eine verkehrsreiche Straße. Dazu kam noch eine Gruppe Kinder den Weg entlang.

Adele und Cali

Der Zug tauchte schon auf den Gleisen auf. Die Lage hätte nicht ernster sein können. Wie Adele mir erzählte, nahm plötzlich eine fremde Kraft in ihr überhand. Sie wurde ruhig und fing an, mit klarer, sicherer Stimme zu Cali zu sprechen, so als würde das Pferd sie wie ein Mensch verstehen. Sie sagte zu der Stute: »Cali, du bist in Gefahr. Du musst sofort zu mir zurückkommen!« Zu ihrer Überraschung und Freude trottete Cali sofort zu ihr her und ließ sich das Halfter wieder anlegen. Wie Adele mir sagt, verdankt sie die Rettung des Pferdes meinen Büchern. »Wenn ich nichts über intuitive Kommunikation gewusst und nicht geglaubt hätte, dass Cali mich verstehen kann, hätte ich ihr diese Befehle gar nicht gegeben«, meint sie.

Tieren Informationen zu geben, indem man laut mit ihnen spricht oder ihnen in Gedanken Gefühle oder Bilder schickt, lässt sich einfach erlernen. Es mag ein bisschen schwieriger sein, die Fähigkeit zu meistern, Informationen von Tieren intuitiv zu empfangen, doch auch diese Fähigkeit kann man sich durch Üben leicht aneignen.

Ein weiteres Beispiel für einen erfolgreichen ersten Versuch in intuitiver Kommunikation berichtete mir Jeanne Joslyn, eine meiner Kursteilnehmerinnen. Es ereignete sich noch bevor sie meinen Unterricht besuchte und vermittelt ein Gefühl dafür, wie intuitive Kommunikation manchmal empfangen wird und wie vage und schwer zu glauben sie am Anfang sein kann. Ich rate Anfängern daher, sich immer auf das Erste zu konzentrieren, das einem in den Sinn kommt.

Ein kleiner Hund wurde vor Jeannes Haus von einem Auto angefahren. Am Halsband befand sich eine Marke mit einer Telefonnummer. Jeanne rief dort an und erreichte die Hundehalterin. Sie verabredeten, sich in einer Tierklinik in der Nähe zu treffen. Jeanne legte der Hündin einen selbst gemachten Maulkorb an und hob sie sanft auf den Rücksitz ihres Wagens. Während ihr Mann sie zu der Tierklinik fuhr, saß sie hinten neben dem Hund. Das Tier, das offensichtlich Schmerzen hatte, tat ihr leid und sie überlegte, wie sie es beruhigen könnte. Dann fiel ihr mein Auftritt in der Fernsehsendung *Animal Planet* wieder ein, in der ich den Zuschauern gesagt hatte, sie könnten Tierkommunikation üben, indem sie ihre Zweifel beiseite legten und sich einfach mit dem Tier unterhielten, als würde es jedes Wort verstehen. In der Sendung hatte ich erwähnt, dass die Leute sämtliche Informationen, die ihnen dabei in den Sinn kamen, als potenzielle intuitive Kommunikation vom Tier ansehen sollten. Jeanne hatte die Methode schon an ihren eigenen Haustieren getestet. Bisher hatte sie es eher aus Spaß getan, weil sie es eigentlich nicht für möglich hielt. Wie die meisten Anfänger auf dem Gebiet der Tierkommunikation glaubte sie, sich alle mentalen Wahrnehmungen nur eingebildet zu haben.

Doch da ihr nichts Besseres einfiel, fing sie an, mit der verletzten Hündin zu reden. Sie erklärte dem Tier, wohin sie fuhren, dass sein Frauchen schon an der Tierklinik auf sie wartete und dass die Ärzte ihm helfen und die Schmerzen lindern würden.

Die Hündin sah sie so lieb an, dass Jeanne ihr den Maulkorb abnahm und laut zu ihr sagte: »Ich glaube nicht, dass du beißt.« Plötzlich hörte Jeanne in Gedanken so laut und deutlich den Namen »Daisy«, dass sie im Stillen dachte: »Daisy? Wo kam denn das jetzt her?« Als sie den Hund ansah, wurde ihr klar, dass das Tier ihr womöglich seinen Namen mitgeteilt hatte. Sie fragte laut: »Daisy? Heißt du etwa Daisy?«, und dachte insgeheim, wie blöd sie sich vorkommen würde, wenn sie bei der Tierklinik ankämen und die Besitzerin ihren Hund mit einem anderen Namen anspräche. Dann dachte sie sich: »Also gut, dann wollen wir diese Theorie mal austesten! Mal sehen, ob ich mich irre. Dann höre ich sofort mit diesem Blödsinn auf.« Sie fragte die Hündin, wie ihr Frauchen aussehe und wie sie von ihrem Frauchen getrennt worden sei. Das Tier schickte Jeanne das mentale Bild einer rundlichen Frau mit rötlichem Haar und dazu den Gedanken, dass es sich im Wald verlaufen hatte, als es Hasen jagte und nicht mehr wusste, welche Richtung nach Hause führte.

Jeanne mit ihrem Hund

Als sie vor der Klinik ankamen, wartete eine Frau auf sie, die ganz anders aussah als die Frau, die der Hund Jeanne gezeigt hatte. Sobald der Wagen anhielt, machte die Frau die Autotür auf und nahm den Hund auf den Arm. Sie sagte: »Es ist okay, Daisy. Jetzt ist alles in Ordnung.«

Jeanne war geschockt. Sie blieb wie vom Blitz getroffen im Auto sitzen, während ihr die Wahrheit dämmerte. Die Hündin hatte Jeanne *tatsächlich* ihren Namen mitgeteilt! Erstaunt riss sie sich zusammen und ging in die Klinik, wo die Frau sich hingesetzt hatte. Sie hielt Daisy auf dem Schoß. Dann wurde die Eingangstür aufgerissen und eine rundliche junge Frau mit rotbraunen Haaren stürzte auf Daisy zu. Während die Frau an Jeanne vorbeilief, dachte Jeanne: »Also, *diese* Frau hat wirklich rote Haare.« Die andere, die Daisy auf dem Schoß hatte, sah auf und zeigte auf die Rothaarige. »Ihr gehört der Hund. Ich bin bloß eine Bekannte.«

Jeanne geriet ganz aus dem Häuschen. Sie zerrte ihren Mann am Ärmel aus der Klinik. »Der Hund hat mir vorhin seinen Namen und eine Beschreibung seines Frauchens geliefert!«, stieß sie verblüfft aus. Ihr Mann sah sie verwirrt an, und so erzählte sie ihm die ganze Geschichte und fragte ihn, ob er sie jetzt für verrückt hielt. Ihr Mann zeigte Verständnis und sagte, dass es viele Dinge auf der Welt gibt, für die wir keine logische Erklärung haben, und dass er Jeanne glaubte, wenn sie der Meinung war, der Hund hätte mit ihr kommuniziert. Aber Jeanne hatte immer noch das Gefühl, sich alles nur eingebildet zu haben. Daher ging sie wieder in die Tierklinik hinein und fragte die Frau, wie Daisy verloren gegangen sei. »Ach«, berichtete die Bekannte, »ihr Mann ist vor ein paar Tagen mit Daisy auf die Jagd gegangen, und als er sie gerufen hat, war sie verschwunden.«

Das können Sie auch

Was Jeanne getan hat, kann jeder von uns. Das weiß ich deshalb, weil ich schon Tausende von Leuten ausgebildet habe, mit Tieren zu sprechen, und ich weiß genau, dass auch Sie es erlernen können. In Kapitel 1 erkläre ich, was intuitive Kommunikation eigentlich ist und wie sie funktioniert, und in Kapitel 2 bringe ich Ihnen anhand einer Reihe einfacher Übungen bei, wie Sie intuitiv mit Ihren eigenen Tieren kommunizieren können. In Kapitel 3 schlage ich Übungen vor, durch die Sie Ihre neuen Fähigkeiten noch stärken können und einen besseren Bezug zu Ihren Tieren herstellen können. In Kapitel 4 zeige ich auf, wie intuitive Kommunikation Harmonie zwischen den Tieren in Ihrem Heim herstellen kann. Kapitel 5 konzentriert sich auf die Anwendung von intuitiven Trainingstechniken, mit denen alle Arten von Trainingssituationen noch besser gemeistert werden können, und in Kapitel 6 untersuche ich verschiedene intuitive Techniken, mit denen sich häufig auftauchende Verhaltensstörungen beheben lassen, darunter Trennungsängste, Mangel an Vertrauen, Aggression, Urinieren im Haus, nerviges Verhalten und Weglaufen.

In Kapitel 7 zeige ich auf, wie Sie mit fremden Tieren in Tierheimen oder einer Rettungssituation kommunizieren können, und wie Sie einem misshandelten oder traumatisierten Tier helfen können. Kapitel 8 enthält spezifische Anleitungen, wie Sie vermisste Tiere mithilfe Ihrer Intuition wiederfinden können, und in Kapitel 9 beschreibe ich, wie man unter Anwendung der Intuition mit der Erfahrung umgeht, wenn man ein Tier durch den Tod verliert. Kapitel 10 bietet Anleitungen, wie Sie intuitiv mit der gesamten Natur in Verbindung treten können, einschließlich, wie Sie:

- mit einheimischen wilden Tieren sprechen
- wilde Tiere vor möglichen Gefahren warnen
- richtig mit Schädlingen umgehen
- das Wachstum in Ihrem Garten fördern und
- mit Heilkräutern arbeiten können.

Im Nachwort behandle ich die Wirkung, die intuitive Kommunikation auf unsere Welt hat, und die viel versprechende Anwendung einer artverwandten Fähigkeit – der bewussten Umsetzung oder Manifestierung – zur Wiederherstellung des Gleichgewichts und der Gesundheit der Tiere und unserer Erde.

Ich habe dieses Buch geschrieben, um Ihnen den Schlüssel zu Ihrer intuitiven Kommunikationsfähigkeit zu geben, damit Sie für sich und Ihre Tiere ein Zusammenleben gestalten können, wie es nicht schöner sein könnte. Ich möchte viele der erstaunlichen Geschichten mit Ihnen teilen, die meine Klienten, Teilnehmer und Freunde mir über ihre Erfahrungen mit der intuitiven Kommunikation geschickt haben. Mein Buch enthält auch Fotos der Menschen und ihrer Tiere. Ich hoffe, *Frag dein Tier* wird von vielen Menschen gelesen und ihnen helfen, mehr Mitgefühl und Hochachtung für die Tiere und die Natur zu entwickeln. Das würde die heutigen Bemühungen auf der ganzen Welt, unseren wundervollen Planeten zu retten und sein Gleichgewicht wieder herzustellen, unterstützen.

1

Wissenswertes über die intuitive Kommunikation

Tiere sind Meister der intuitiven Kommunikation. Im Gegensatz zu uns hat ihnen niemand beigebracht, ihre Intuition zu unterdrücken. Niemand hat ihnen jemals gesagt, das mentale Aussenden und Empfangen von Gedanken und Gefühlen sei Unsinn oder Einbildung. Tiere wissen, dass sie ihr Leben erleichtern und bei Bedarf die besten Entscheidungen treffen können, wenn sie sich den Zugang zu ihrer Intuition bewahren. Unabhängig davon, wie zahm das Tier ist, ist es sich immer bewusst, dass die Umsetzung seiner Intuition den Unterschied zwischen Leben und Tod bedeuten kann. Das erklärt auch, warum sich so viele Tiere kurz vor der tödlichen Welle des Tsunami, der 2004 in Asien wütete, in höhere Gebiete retteten, während die meisten Menschen das nicht taten. Auch wenn manche Menschen wie die Tiere den Tsunami vorausspürten und rechtzeitig höhere Stellen aufsuchten, funktionierte sicher auch noch bei vielen anderen diese innere Warnstimme – aber sie hörten nicht darauf.

Tiere achten auf die Informationen, die sie intuitiv in Form von Ahnungen und Gefühlen erhalten. Menschen hingegen werden dazu erzogen, solche sinnlichen Wahrnehmungen als »sinnlos« anzusehen und zu ignorieren. Von Geburt an werden wir unterschwellig und manchmal auch direkt darauf konditioniert, unsere Intuition abzustellen. Intuitive Informationen kommen oft in der Form von Gefühlen, und Gefühle werden in unserer modernen, ultralogischen Kultur nicht sonderlich ernst genommen. Während wir aufwachsen, werden wir ermutigt, unsere Emotionen zu unterdrücken, und werden belohnt, wenn wir uns rational verhalten. Können Sie sich daran erinnern, einen der folgenden Sätze in Ihrer Kindheit gehört zu haben?

»Liebling, das bildest du dir ein.«
»Du weißt doch, dass Tiere nicht reden können.«

»Sei vernünftig!«

»Sei nicht albern!«

»Denk dir nicht solche Sachen aus!«

»Das weißt du doch gar nicht – das kannst du doch nicht beweisen.«

»Das kann nicht sein.«

»Sei nicht so emotional!«

Und Jungen bekommen zu hören: »Hör auf, dich wie ein Mädchen zu benehmen!«

Eigentlich empfangen wir ständig Informationen von unserer Intuition – zum Beispiel ein deutliches Gefühl, das gut oder schlecht sein kann, über jemanden, den wir gerade kennengelernt haben –, doch wir blocken unsere eigene Wahrnehmung ab. Zum Glück schaffen wir das nicht gänzlich, und vor allem in Krisensituationen überwindet unsere Intuition regelmäßig unsere Verstandesbarrieren. Haben Sie jemals eine der folgenden intuitiven Erfahrungen gemacht?

- Sie spüren, wenn jemand Sie belügt oder manipuliert.
- Sie haben das starke Gefühl, dass Sie etwas tun oder nicht tun sollten (und finden heraus, dass Sie mit dem Gefühl richtig lagen).

- Sie spüren über eine größere Entfernung, wenn mit Ihrem Kind oder einem Ihrer Tiere etwas nicht in Ordnung ist.
- Sie denken an jemanden und erhalten danach einen Anruf oder Brief von diesem Menschen.
- Sie spüren, wie einem anderen zumute ist.
- Sie wissen, dass etwas passieren wird, bevor es passiert.
- Das Telefon klingelt, und Sie wissen intuitiv, wer der Anrufer ist.

Intuitive Kommunikation ist die hypersensible Fähigkeit, Informationen ohne Reden und ohne Körpersprache zu empfangen und zu übermitteln; sie bedeutet das mentale und emotionale Aussenden und Erhalten von Informationen. Auch wenn sie häufig als ein Phänomen der heutigen Esoterik betrachtet wird, sehe ich sie als uralte Fähigkeit an, die gerade neu entdeckt wird. Ich glaube, unsere Vorfahren waren genauso gut in intuitiver Kommunikation, wie die Tiere es heute noch sind, und ich bin überzeugt, dass sie ständig in intuitiver Verbindung miteinander und zu allen Aspekten der Natur standen.

Durch ihre ungehinderten intuitiven Sinne können Tiere Gedanken lesen. Sie wissen, was ein Mensch oder ein anderes Tier denkt und fühlt, und können mit dem geistigen Auge die geistigen Bilder anderer sehen. Triny Fischer, eine meiner Kursteilnehmerinnen, erzählte mir die folgende Geschichte, wie ihre mittlerweile verstorbene Hündin Nora ihr diese Fähigkeit offenbarte.

Nora war eine über fünfzig Kilo schwere Malamuthündin. Der Vorfall ereignete sich vor mehreren Jahren im Winter, als Triny mit ihr in Florida war. Nora hatte immer in einem kalten Klima gelebt und mochte das heiße, schwüle Klima Floridas nicht. Um Nora aufzumuntern, nahm Triny sie bei Sonnenaufgang und Sonnenuntergang mit an den Strand. Sie gingen immer zu einem bestimmten

Strand, der selten überfüllt war und auf dem ein Waldweg am Wasser entlang führte. Der Strand war früher bei Nudisten beliebt gewesen, und auch wenn Nacktbaden verboten war, kam es öfter vor, dort noch auf jemanden zu treffen, der nackt schwamm oder sich sonnte. Triny war das egal und sie achtete kaum auf die anderen Strandgäste.

Nora

Sie beschreibt Nora als eine wunderbare und liebevolle Hündin, die alle Menschen mochte. Doch was Nora nicht mochte, waren kleine weiße Hunde. Eines Abends bei Sonnenuntergang bemerkte Triny, dass eine Frau und ihr kleiner weißer Hund hinter ihnen am Strand spazieren gingen. Triny versuchte, Nora dazu zu bringen, schneller zu gehen und einen gewissen Vorsprung zwischen ihnen und dem kleinen weißen Hund zu erreichen. Dabei bemerkte Triny einen nackten Mann, der hinter ein paar Büschen kauerte. Als Nora den Mann sah, blieb sie stehen und rührte sich nicht. Normalerweise lief Nora freudig auf alle Menschen zu, denen sie am Strand begegnete, egal ob sie nackt waren oder nicht. Triny legte der Hündin die Leine an und versuchte, sie zum Weitergehen zu bewegen. Nora reagierte mit mehreren für sie untypischen Handlungen. Sie bellte den Mann an, weigerte sich weiterzugehen und bleckte die Zähne, als er aufstand. Die Hündin rührte sich erst, als Triny umdrehte und in die andere Richtung ging – weg von dem Fremden. Das irritierte Triny, denn sie wollte keine unangenehme Begegnung mit dem kleinen weißen Hund riskieren. Doch Nora mit ihren über fünfzig Kilo Gewicht setzte ihren Willen durch. Die Frau und der kleine Hund machten einen Bogen um sie herum und setzten ihren Spaziergang am Strand fort. Als Triny und Nora zum Auto zurückgingen, tauchte der Mann noch mehrmals hinter den Büschen auf. Jedes Mal heulte

Nora leise auf und ging schneller. Sobald sie das Auto erreicht hatten, verhielt sich Nora wieder völlig normal, so als sei nichts passiert.

Als Nora und Triny am nächsten Morgen wieder an denselben Strand gingen, war alles mit gelbem Polizeiklebeband abgesperrt. Triny erfuhr, dass am Abend davor, kurz nach Sonnenuntergang, eine Frau, die mit ihrem kleinen weißen Hund am Strand spazieren gegangen war, von einem Fremden vergewaltigt, geschlagen und ins Wasser geworfen worden war. Die Frau hatte jedoch das Bewusstsein wiedererlangt und sich mit letzter Kraft ans Ufer geschleppt. Ihr Hund hatte ein Pärchen alarmiert, das einen Strandspaziergang machte und daraufhin sein Frauchen fand. Die Frau erhielt Erste-Hilfe-Maßnahmen, was ihr das Leben rettete. Triny schilderte der Polizei ihre Beobachtungen vom Abend zuvor. Ihre Beschreibung des Manns passte auf die Täterbeschreibung des Opfers. Wie Triny klar wurde, hatte Nora sie vor dem Mann gerettet. Von diesem Tag an achtete sie genau auf jede intuitive Warnung von Nora. Man könnte zwar spekulieren, dass Nora in Wirklichkeit die Körpersprache des Manns statt seiner Gefühle oder Gedanken gelesen hatte, doch Triny war der Mann nicht weiter aufgefallen. Soweit sie erkennen konnte, hatte er sich nicht auffällig verhalten.

Wie intuitive Kommunikation funktioniert

Intuitive Kommunikation ist nicht das Lesen der Körpersprache. Man braucht das Tier, mit dem man kommunizieren will, noch nicht einmal zu sehen. Es reicht aus, eine Beschreibung des Tieres zu erhalten, emotional mit ihm in Verbindung zu treten und anzufangen, dem Tier mental Gefühle oder Gedanken zu senden. Die Informationen können mental als eine Emotion, ein Körpergefühl, ein Bild, ein Wort, ein Satz, eine Vorstellung, eine Szene (wie in einem Film), ein Geruch oder ein Geschmack gesendet oder empfangen werden. Tieren Informationen intuitiv zu senden ist einfach, da sie so gut darin sind, sie zu empfangen. Informationen von einem Tier zu erhalten kann sich schon schwieriger gestalten, weil wir so daran gewöhnt sind, die intuitiven Informationen, die wir bekommen, zu unterdrücken. Manchmal dauert es eine Weile, bevor eine intuitive Mitteilung verstanden wird, wie der folgende Bericht der Kursteilnehmerin Karen Hudson zeigt.

Karen und Sundust

Karen verkaufte ihr Pferd Sundust an jemanden, den sie für geeignet hielt. Doch die neuen Besitzer kamen mit Sundust nicht klar und verkauften die Stute weiter. Sie erzählten Karen, sie hätten ein gutes Zuhause für Sundust gefunden, aber ein paar Jahre später fing Karen an, von Sundust zu träumen, und bekam das Gefühl, dem Verbleib des Pferdes nachgehen zu müssen. Deshalb setzte sie eine Anzeige in die Zeitung. Als niemand darauf antwortete, gab sie auf. Doch da sie das Gefühl nicht loswurde, Sundust suchen zu müssen, um zu sehen, wie es der Stute ging, schaltete sie weitere Zeitungsannoncen. Schließlich meldete sich jemand, der ihr mitteilte, dass Sundust mehrmals den Besitzer gewechselt hatte und sogar einmal auf einer Auktion versteigert worden war. Wie Karen heute glaubt, bekam sie das Gefühl, nach Sundust suchen zu müssen, in dem Zeitraum, in dem das Pferd misshandelt wurde. Sie ist sicher, dass Sundust sie durch intuitive Kommunikation um Hilfe gerufen hatte, doch Karen war tagsüber so mit anderen Dingen beschäftigt, dass sie die Hilferufe nur nachts in ihren Träumen hören konnte. Am Ende konnte Karen Sundust zurückkaufen und hat vor, die Stute für den Rest ihres Lebens zu behalten.

Ich setze die Fähigkeit der intuitiven Wahrnehmung mit ESP (übersinnlicher Wahrnehmung), Telepathie, dem sechsten Sinn und hellseherischen Fähigkeiten gleich. Jeder wird mit Intuition geboren; wir haben bloß vergessen, wie wir sie nutzen können. Wie zwei wissenschaftliche Forscher auf dem Gebiet der intuitiven Kommunikation, Danny K. Alford (unter dem Namen Moonhawk[1] bekannt) und Walter Greist[2] herausgefunden haben, basiert sämtliche gesprochene Kommunikation auf der intuitiven Kommunikation.

Auf der Grundlage von durchgeführten Experimenten geht Greist davon aus, dass wir bei jedem Gespräch gleichzeitig intuitive Informationen aussenden. Wenn man zum Beispiel jemandem von seinem herrlichen Urlaub am Meer erzählt, schickt man dem Zuhörer gleichzeitig, ohne es zu beabsichtigen oder zu merken, Eindrücke in Form von Bildern, Wahrnehmungen, wie es sich dort angefühlt hat, und Gefühlen, die man im Urlaub empfunden hat. Und umgekehrt erhält man, ohne es zu merken, von jemandem, der einem von seinem tollen Wandertrip berichtet, Bilder, Wahrnehmungen und Gefühle, die der

Erzähler auf der Wanderung erlebt hat. Der Trick an der intuitiven Kommunikation ist, diesen Prozess bewusst zu steuern und zu erleben, der bei den meisten Menschen von heute zum größten Teil unbewusst abläuft.

Moonhawk, Wissenschaftler mit indianischen Vorfahren, fasste seine Untersuchungen über Urkulturen, Quantenphysik, Linguistik und Parapsychologie in ein integriertes Gebiet zusammen, das er die »Quantenlinguistik« nannte. Er stellte die Hypothese auf, dass intuitive Kommunikation der Prototyp der Sprache ist. Er identifizierte die intuitive Kommunikation als die »Ursprache«, die von allen Urvölkern gesprochen wurde, und als den Weg, Kommunikation zwischen allen irdischen Lebensformen herzustellen.

Moonhawk war davon überzeugt, dass kein Sprachkonzept ohne die Einbindung der Vorstellung von der »Ursprache« vollständig ist. Er sah intuitive Kommunikation als einen grundsätzlichen Fluss von Bedeutung und Wahrnehmung an – eine primitive Form von Wissen. Er definierte die Fähigkeit, das emotionale Vorhaben eines anderen lesen zu können, als ein System der Weitergabe von Informationen, das vor der Entwicklung von Sprache bestand und die Grundlage der Sprache darstellt. Wie er darstellte, würden die Worte, die wir sprechen, ohne die kontinuierliche unbewusste Mitwirkung der »Ursprache« im Hintergrund unseres Bewusstseins keinen Sinn ergeben. Laut Moonhawk bestehen die Grenzen gegenwärtiger Linguistikmodelle darin, dass sie Bewusstsein oder Telepathie nicht als aktive Faktoren der menschlichen Kommunikation zulassen. Als Erforscher der Sprachen von Urvölkern ging Moonhawk davon aus, dass diese Sprachen der intuitiven Kommunikation noch näher standen. Für ihn war nicht Esperanto, sondern intuitive Kommunikation die wahre Universalsprache, da sie eine Sprache ist, die alle Menschen und Lebewesen auf der Erde längst beherrschen.

Die gesprochene Sprache im Gegensatz zur intuitiven Sprache

Intuitive Kommunikation hat mit der linearen, gesprochenen Kommunikation, die auf Wörter aufgebaut ist und die wir als wahre Kommunikation ansehen, nicht viel gemeinsam. Zum einen lassen sich ganze Erlebnisse und Lebensgeschichten durch intuitive Kommunikation in einer Nanosekunde vermitteln. Wenn ich einen Hund aus dem Tierheim intuitiv bitte, mir etwas aus seiner Vergangenheit zu berichten, erhalte ich häufig sofort einen Download an Informationen über sein frühes Leben als Welpe: Zu wem er kam, wie seine ersten Besitzer ihn behandelten, welche Gefühle er für sie hegte, wie seine früheren Zuhause und Menschen aussahen und warum er im Tierheim gelandet ist.

Ein weiterer Unterschied ist, dass man das aus der Ferne tun kann. Man braucht nicht mit einem Tier zusammen zu sein, um mit ihm intuitiv zu kommunizieren. Das weiß ich aus meinen eigenen jahrelangen Erfahrungen mit Tieren, die ich mit jedem anderen Tierkommunikator teile, den ich kenne. Der Forscher Ronald Rose[3] hat dieselbe Fähigkeit bei den Ureinwohnern Australiens festgestellt. In den 1950er Jahren lebte er sieben Jahre unter den Aborigines in Australien, wo er ihre intuitiven Fähigkeiten untersuchte und dokumentierte. Wie Rose herausfand, konnten die von ihm erforschten Ureinwohner Informationen über große Entfernungen senden und empfangen. In einer prä-technologischen Kultur wie die der Aborigines, in der es keine Form der Fernkommunikation gab und Stämme durch viele Meilen voneinander entfernt waren, ist es sinnvoll, davon auszugehen, dass die Menschen eine hoch entwickelte Fähigkeit zur intuitiven Kommunikation besaßen. Meistens hatten die Informationen, die die Aborigines erhielten, mit der Krankheit oder dem Tod eines Verwandten zu tun, und ein großer Teil der Daten wurde von Zeugen außerhalb des Stammes – wie zum Beispiel von Missionaren oder Viehranchern – bestätigt. Interessanterweise empfingen die Ureinwohner diese Informationen manchmal, indem sie mit einem Totemtier sprachen, statt direkt mentalen Kontakt mit einem anderen Menschen aufzunehmen.

Ein abschließender Unterschied zwischen intuitiver und verbaler Kommunikation ist, dass intuitive Kommunikation lineare Zeiten überschreiten kann. Man kann zum Beispiel mit der Seele eines verstorbenen Tieres sprechen und trotzdem korrekte Informationen über das Tier erhalten. Meine Teilnehmerin Lori Ammerman hat dies nach dem Lesen meines ersten Buchs *Lautlose Sprache* herausgefunden. In diesem Buch mache ich den Vorschlag, dass Leser versuchen, intuitiv mit meinen Tieren – unter ihnen mein Pferd Dylan, der noch lebte, als ich 2003 das Buch geschrieben habe – zu kommunizieren. Als Lori 2007 mit Dylan Verbindung aufnahm, spürte sie eine überwältigende Traurigkeit. Dann kam ihr der Gedanke, Dylan sei gestorben, was auch tatsächlich kurz davor geschehen war. Das konnte sie nur durch ihre Intuition wissen. Man kann also sogar nach dem Tod eines Tieres Kontakt zu ihm herstellen und Informationen über das Tier erhalten, da man bei der intuitiven Kommunikation mit dem höheren Selbst oder der Seele des Tieres Verbindung aufnimmt.

In Kapitel 2 erkläre ich zwar im Detail, wie Sie intuitiv mit Tieren kommunizieren können, doch der Grundprozess lässt sich leicht beschreiben. Man versendet Informationen, indem man sie entweder laut ausspricht, eine Mitteilung denkt oder aber dem Tier ein Gefühl oder ein Bild schickt. Vergessen Sie nicht, dass Tiere darin echte Meister sind! Sie können sicher sein, dass das Tier empfängt, was Sie ihm senden. Um Informationen zu erhalten, müssen Sie mit dem Tier mental und emotional Verbindung aufnehmen und dann auf jeden intuitiven Eindruck achten, der in Ihrem Bewusstsein auftaucht. Am besten ist es, diese Eindrücke aufzuschreiben, sobald Sie sie wahrnehmen, da es manchmal schwierig ist, sich hinterher an sie zu erinnern. Auch wenn dieser Prozess einfach klingt, täuscht das. Wie die meisten Leute feststellen, versucht ihr Verstand, den Prozess zu steuern, und bemüht sich, die »richtigen« oder plausibleren Antworten auszuwählen, wodurch die Intuition wirksam ausgeschaltet wird. Durch Übung lernen Sie, Ihren rationalen Verstand zu überlisten und sich stattdessen auf den Informationsfluss zu konzentrieren, der Ihnen intuitiv kommt.

Wissenschaftliche Untersuchungen über die intuitive Kommunikation

Wie ist intuitive Kommunikation überhaupt möglich? Die besten Antworten auf diese Frage kommen aus der Quantenphysik. Einige der herausragenden Analysen der Forschungsarbeit auf diesem Gebiet wurden von Lynne McTaggart[4] durchgeführt. In ihrem jüngsten Buch *The Intention Experiment* untersucht sie die Arbeit der wichtigsten Forscher und Experimente, die zu den heutigen Theorien darüber, wie unsere Welt funktioniert und wie intuitive Kommunikation möglich sein kann, beigesteuert haben. Ich möchte McTaggarts Forschungsergebnisse zusammenfassen, aber auch wenn mein Physiklehrer auf dem College früher ein Rockstar war, war ich in Physik noch nie besonders gut.

Die Theorien der Quantenphysik unterscheiden sich stark von den akzeptierten Theorien der Physik Newtons. Quantenphysiker gehen davon aus, dass das Universum kein Ort ist, an dem sich alle Objekte gemäß fixer Regeln der Bewegung und Zeit in einem dreidimensionalen Raum bewegen. Stattdessen entspricht das Universum eher einem einzigen Organismus aus miteinander verbundenen Energiefeldern, der sich in einem Zustand ständiger Weiterentstehung befindet. Dieses kontinuierlich vernetzte Energiefeld wird das Nullpunktfeld genannt, da selbst noch bei Temperaturen auf dem Nullpunkt, bei denen keine Bewegung zu erwarten wäre, winzige Fluktuationen von Teilchen erkennbar sind. Diese konstanten Fluktuationen und Bewegungen sind Verschränkungen. Physiker gehen davon aus, dass die Aktivitäten des Nullpunktfelds sämtliche Teilchen und Materie im gesamten Universum gleichermaßen beeinflussen. Anders ausgedrückt: Wir sind durch dieses Energiefeld alle miteinander verbunden – wir sind alle eins, wir sind alle miteinander vernetzt.

Durch diese ständige Verbundenheit und Energievernetzung stehen wir mit allen Lebewesen und Dingen des Universums ständig in Kontakt. Unter Anwendung unserer Willenskraft können wir uns auf jeden und alles konzentrieren, Verbindung aufnehmen und kommunizieren. McTaggart schreibt über die Bedeutung dieser Theorie[5]:

> Wenn sämtliche Materie im Universum mit dem Nullpunktfeld interagieren würde, dann würde das ganz einfach bedeuten, dass alle Materie durch Quantenwellen im gesamten Kosmos miteinander verbunden und möglicherweise auch vernetzt wäre. Und wenn wir und der ganze leere Raum eine Masse der Vernetzungen sind, dann müssen wir unsichtbare Verbindungen mit Dingen aufnehmen, die von uns selbst entfernt sind. Die Bestätigung der Existenz des Nullpunktfelds und der Vernetzung bietet

eine logische Erklärung dafür, warum Signale, die durch die Macht der Gedanken gesendet werden, von jemandem aufgegriffen werden können, der viele Meilen weit weg ist.

Ein anderer wichtiger Forscher, der sich mit der Existenz der intuitiven Kommunikation beschäftigt hat, ist Cleave Backster[6], ein Spezialist für Lügendetektoren, der herausgefunden hat, dass lebende Organismen lesen und auf menschliche Gedanken reagieren können. Seine Arbeit beinhaltet einige der umfassendsten Experimente, die vorgenommen wurden, um die Existenz der Telepathie zwischen verschiedenen Arten nachzuweisen. Die meisten wurden jedoch seltsamerweise an Pflanzen und wirbellosen Tieren durchgeführt. Backster stieß eines Tages im Jahr 1966 zufällig auf seine Entdeckung, als er den Lügendetektor aus reiner Neugier an seinen Drachenbaum anschloss. Ein Lügendetektor misst die Steigerungen und Verringerungen des elektrischen Widerstands. Der gesteigerte Widerstand an einem Menschen deutet auf Stress hin, der entsteht, wenn man lügt. Backster goss die Pflanze und setzte die Elektroden dann auf mehrere aufeinanderliegende Blätter, um zu sehen, ob es Veränderungen im Widerstand gab, wenn das Wasser die Blätter erreichte. Er erwartete einen Aufwärtstrend in den Kurven, der einer Verringerung des elektrischen Widerstands in der Pflanze bei stärkerer Feuchtigkeit entsprach. Stattdessen bemerkte er einen Abwärtstrend und einen kurzen Zacken, was einer menschlichen Stressreaktion entsprach. Er ging davon aus, eine emotionale Reaktion von der Pflanze erhalten zu haben[7]. Als weiteren Test beschloss er, etwas zu finden, was eine sofortige dramatische Reaktion in der Pflanze hervorrufen würde. Er versuchte, ein Blatt der Pflanze in seine Kaffeetasse zu halten, erreichte dadurch jedoch keine Reaktion. Backster wurde klar, dass er etwas Dramatischeres tun müsste. So dachte er daran, ein Streichholz zu holen und das Blatt zu verbrennen. In dem Augenblick, in dem er das dachte, schlug der Zeiger des Lügendetektors nach oben aus und wäre fast über den Rand hinausgeschossen.

Die Pflanze hatte auf seinen Gedanken, ein Blatt zu verbrennen, reagiert.

Backster unternahm unzählige Experimente, die beweisen, dass Pflanzen und Tiere telepathisch sind. Er konnte sogar zeigen, dass Pflanzen reagieren, wenn einem anderen Lebewesen Schaden zugefügt wird, zum Beispiel wenn eine Anzahl von Shrimps getötet wird. Er erbrachte bei Pantoffeltierchen, Schimmelkulturen, Eiern und sogar Joghurt Nachweise über eine Reaktion, die menschlichen Gefühlshochs und -tiefs entsprach, vor allem bei Drohungen oder irgendeiner negativen Intention. Auch fand er heraus, dass diese Reaktion unabhängig von der Entfernung war: Eine Reaktion auf seine Gedanken konnte gemessen werden, egal ob er anwesend war oder viele Meilen von der jeweiligen Pflanze entfernt war. Daraus schloss er, dass die von ihm untersuchten Organismen nicht nur auf seine Gedanken reagierten, sondern darüber hinaus telepathisch mit allem Lebendigen in ihrer Umgebung kommunizierten. Auch entdeckte er, dass Pflanzen fähig sind zu lernen, ob jemand ihnen wirklich Schaden zufügen will oder nicht.

Backsters Forschungsarbeit ist unorthodox, und aus diesem Grund hat er nicht die Unterstützung und Anerkennung erhalten, die er verdient hätte. Die Untersuchungen der beiden anerkannten Physiker Fritz Popp und Konstantin Korotkov[8] waren nötig, um Backsters Ergebnisse endlich ernst zu nehmen. Wie die beiden Wissenschaftler herausfanden, finden ständig Gedankenübertragungen innerhalb von Organismen (von einem Körperteil zum anderen), zwischen verschiedenen Organismen und zwischen einem Organismus und seiner Umgebung statt. Die Transportmittel für diese Übertragungen sind Quantenlichtemissionen, die Biophotone genannt werden. Gedanken sind daher einem Strom von Photonen gleichzusetzen. Als solche können sie durch Zeit und Raum reisen. Anscheinend hat Backster Recht behalten: Pflanzen und Tiere können menschliche Gedanken auffangen und wahrnehmen – und umgekehrt wir auch ihre.

Nur wenige Wissenschaftler widmen sich der Erforschung der Telepathie in Tieren. Einer davon ist der englische Mikrobiologe Rupert Sheldrake. Unter Anwendung statistisch verifizierbarer Untersuchungsmethoden hat er bei einer sehr geringen Fehlerquote nachgewiesen, dass Tiere in einer kontrollierten Umgebung, ohne die Möglichkeit, Hinweise aus ihrer Umwelt zu erhalten, vorausspürten, wann ihre Besitzer nach Hause kommen würden. In seinem Buch *Der siebte Sinn der Tiere*[9] geht es um diese und andere intuitive oder hellseherische Fähigkeiten von Tieren.

Die Masse an Nachweisen über intuitive Kommunikation mit Tieren wird von Menschen zusammengetragen, die sich in ihrem Beruf oder ihrer Ausbildung mit der Tierkommunikation befassen. Diese Informationen sind in Erlebnisform und werden daher im Großen und Ganzen von den klassischen Wissenschaften ignoriert. Doch Nachweise in Form von Anekdoten und Erlebnissen bilden die Basis von vielen traditionellen wissenschaftlichen Untersuchungen wie zum Beispiel der menschlichen Medikamenten- und Schmerzforschung. Allein der große Umfang der Erlebnisse, die auf die Existenz intuitiver Kommunikation zwischen verschiedenen Lebewesen hinweist, sollte sie als bedeutende Daten qualifizieren.

Ein Wort über die Richtigkeit

Die meisten Leute, die intuitive oder hellseherische Sitzungen durchführen, geben an, dass die von ihnen erhaltenen Informationen zu 80-90 Prozent akkurat sind. In meinen Seminaren bitte ich die Teilnehmer, intuitiv mit einem Tier Verbindung aufzunehmen und ihre Eindrücke aufzuschreiben. Hinterher lassen sie sich diese Eindrücke vom den Besitzern des Tieres bestätigen, indem sie ein Häkchen neben ein richtiges Detail setzen, ein Kreuz, wenn es nicht richtig war, und ein Fragezeichen, wenn die Antwort sich nicht überprüfen lässt. Ich beobachte schon bei den Anfängern ständig ein hohes Level an Richtigkeit. Nach einer Stunde Training sind sie in der Lage, überprüfbare Ergebnisse zu erzielen, die zu 70 bis 90 Prozent korrekt sind. Nachdem meine Teilnehmer ihre Antworten überprüft haben, bitte ich sie, die Eindrücke zu markieren, die sie sich nicht ausdenken würden oder könnten. Das sind die Ergebnisse, die die Leute überzeugen, dass intuitive Kommunikation real und exakt ist.

Zum Beispiel fragte Susie Henkel den Hund, mit dem sie Verbindung aufgenommen hatte, ob er Kinder mochte. Als Antwort erhielt sie ein positives Gefühl. Dann hatte sie das Bild eines blonden Mädchens mit Pferdeschwanz, das eine rosa Skijacke anhatte, vor Augen. Das Frauchen des Hundes bestätigte diese Informationen: »Ach ja, das ist meine Nichte. Er liebt sie. Er liebt alle Kinder.«

Bei einer Übung soll jeder Teilnehmer ein ihm unbekanntes Tier bitten, sein Zuhause von innen und außen zu beschreiben. Die Ergebnisse können spektakulär ausfallen und korrekte, spezifische Beschreibungen der Pflanzen, der Architektur, der Farben, der Einrichtung, der Böden und des Grundrisses liefern – Details, die die Teilnehmer nur durch intuitive Kommunikation wissen können.

Eine so hohe Rate an richtigen Details lässt sich durch Üben erreichen. Es besteht natürlich immer ein Risiko, sich zu irren oder voreingenommen zu sein, und das muss man berücksichtigen. Bei meinen Kursanfängern gibt es eine Tendenz, dass sich ihr Verstand nach ein paar ersten Erfolgen in intuitiver Kommunikation meldet und sie anfangen, sich selbst zu hinterfragen, zu kritisieren und an sich zu zweifeln. Dann muss man einen Weg zurück zu der Erfahrung finden, wie man leicht und korrekt Informationen empfängt. Wie ich meinen Teilnehmern sage, muss ich den Menschen nicht beibringen, *wie* man intuitiv kommuniziert. Das können sie schon. Nein, meine Aufgabe ist es vielmehr, den Menschen beizubringen, wie sie ihre Fähigkeit erkennen und sich davon überzeugen.

Übung
Wie Sie sich Ihre Intuition wieder zu eigen machen

Um sich Ihre eigene Intuition wieder anzueignen und wieder zu beleben, müssen Sie bei Ihren Gefühlen ansetzen. Bei meinen Sitzungen geschieht es häufig, dass ich die Informationen weitergebe, die ich von einem Tier erhalte – und sein Besitzer dann sagt: »Ja, eigentlich wusste ich, dass es so ist. Ich hatte so ein Gefühl, aber ich habe es nicht glauben können.« Wenn es um die Intuition geht, stehen Gefühle an vorderster Stelle. Wenn Sie ein Gefühl über etwas haben, dann müssen Sie es beachten; wischen Sie es nicht einfach weg. Führen Sie darüber Tagebuch und notieren Sie sich diese vagen Gefühle. Lesen Sie sie dann später wieder durch, um zu prüfen, was Ihre Intuition Ihnen gesagt hat. Meistens stellt sich das, was wir fühlen, später als wahr heraus. Doch wir werden dazu erzogen, dieses innere Navigationssystem vollkommen zu ignorieren und stattdessen auf den guten Rat irgendwelcher anderen Leute zu hören – nur nicht auf unseren eigenen!

Intuitive Informationen können Sie auf verschiedene Weise erhalten: In Form von Gefühlen, Bildern vor dem geistigen Auge, Erinnerungen an andere Situationen, die für die Gegenwart relevant sind, und Wörtern oder Sätzen, die Ihnen in den Sinn kommen. Manche Leute erhalten sogar virtuelle sinnliche Informationen, wie zum Beispiel ein körperliches Phantomgefühl, einen Geruch oder einen Geschmack. Der Schlüssel zum erfolgreichen Empfang intuitiver Informationen ist, sie anzunehmen. Versuchen Sie es mal mit folgendem Experiment: Befragen Sie Ihre Intuition immer, wenn Sie unsicher sind und sich zwischen zwei oder mehr Optionen entscheiden müssen. Nehmen Sie Papier und Stift zur Hand und setzen Sie sich an einen ruhigen Ort. Wägen Sie jede Option ab und notieren Sie die intuitiven Daten, die Ihnen dazu kommen. Dafür müssen Sie sich zuerst vornehmen, intuitive Anleitung zu jeder Option zu erhalten. Schreiben Sie dann die erste Option oben auf das Blatt. Beginnen Sie nun sofort mit der Wahrnehmung jeder intuitiven Information, die Sie dazu erhalten, und schreiben Sie sie auf. Ich vergleiche diese Vorgehensweise mit einem Radarscanner.

Ihr einziges Ziel ist es, die eingehenden Daten wahrzunehmen und zu notieren. Beurteilen Sie sie nicht und versuchen Sie nicht, sie zu ändern! Schreiben Sie die Wahrnehmungen nur so genau wie möglich auf. Auch hier können sie in Form von Gefühlen, Gedanken, Erinnerungen oder anderen Daten auftauchen. Ganz egal, was Ihnen kommt – halten Sie es nur schriftlich fest. Wiederholen Sie diesen Vorgang für alle Optionen. Vergleichen Sie dann das, was Sie sich notiert haben. Vermutlich werden Sie ziemlich eindeutige Anweisungen erhalten haben, was Sie am besten tun sollten – gratis von Ihrer Intuition.

Eine andere Technik, um Ihre Intuition kalt zu starten, ist, in jeder beliebigen Situation auf Ihre Gefühle zu achten. Gewöhnen Sie sich an, innezuhalten und Ihre Emotionen zu überprüfen. Wenn sich etwas nicht richtig anfühlt, ist es das wahrscheinlich auch nicht! Ihre Gefühle zu ignorieren hat zur Folge, dass Ihre Intuition sich zurückzieht und immer weniger deutlich und zugänglich wird. Wenn Sie die Botschaften Ihrer Intuition wirklich hören wollen, dann müssen Sie Ihre Gefühle ernst nehmen.

2

Hören und gehört werden

Oft rufen Menschen mich an, damit ich ihrem Tier mit Hilfe meiner intuitiven Kommunikationsfähigkeiten etwas mitteile. Sie sind erstaunt, wenn ich ihnen sage, dass sie mich nicht zu beauftragen brauchen, um mit ihrem Tier zu sprechen. Es ist etwas, das sie recht einfach selbst tun können, weil Tiere die intuitive Kommunikation meisterhaft beherrschen und jede an sie geschickte Nachricht erhalten. Wenn Sie laut mit Ihrem Tier reden, kommt Ihre Mitteilung an. Wenn Sie an Ihr Tier denken oder ihm Ihre Gedanken schicken, wird Ihr Tier diese Gedanken wahrnehmen. Leider bedeutet das auch, dass es unmöglich ist, vor einem Tier etwas geheim zu halten. Denken Sie daran, wie oft Ihre Katze in dem Augenblick verschwunden ist, als Sie daran dachten, die Katzenbox herauszuholen! Sogar ein Bild, das Sie sich vorstellen, kann von Ihrem Tier aufgefangen werden. Deswegen reagiert Ihr Hund so freudig, wenn Sie sich einen Spaziergang vornehmen.[1]

Wären wir nicht dazu erzogen und konditioniert, unsere Intuition zu unterdrücken, dann würden wir intuitive Kommunikation so gut wie jedes Tier beherrschen. Doch auch wenn Sie sicher sein können, dass Ihre Tiere Sie hören und verstehen, wenn Sie mit ihnen sprechen oder ihnen mental Informationen senden, können Sie nicht sicher sein, wie sie auf das Gesagte reagieren werden. Nur weil Ihr Tier Sie hören kann, bedeutet das noch lange nicht, dass es immer das tun wird, was Sie von ihm wollen – genauso wenig wie ein Mensch es täte.

Auch wenn Sie ein absoluter Tierfreund sind, wie ich es schon immer war, und schon jetzt laut mit Ihrem Tier sprechen, ist Ihnen vielleicht nicht wirklich klar, wie viel es von dem Gesagten versteht. Das ging mir so, und das geht den meisten Leuten so, die ich kenne. Erst als ich mich ernsthaft mit intuitiver Kommunikation befasste und anfing, damit zu experimentieren, dämmerte mir, dass meine Tiere alles, was ich zu ihnen sage, hören und verstehen können.

Die Autorin und Pferdetrainerin Carolyn Resnick[2] machte dieselbe Entdeckung, kurz nachdem sie eins meiner Bücher gelesen hatte. Eines Tages bemerkte sie einen Hund, der auf einem Parkplatz in einem Auto eingeschlossen war. Der Hund war zwar nicht in Gefahr und es war auch nicht zu heiß in dem Wagen, doch er war in Panik. Bellend rannte er dauernd zwischen den Rücksitzen und den Vordersitzen des Autos hin und her. Carolyn versuchte, intuitiv mit ihm zu sprechen. Sie schickte ihm den Gedanken, dass sein Mensch bald zurückkommen würde und dass ihm nichts passieren würde. Sie sagte ihm, er solle aufhören zu bellen und sich beruhigen. Zu ihrem großen Erstaunen blieb er sofort stehen, sah sie an, setzte sich hin und machte keinen Muckser mehr.

Karen Berke, eine frühere Schülerin von mir, die heute als Tierkommunikatorin arbeitet, erlebte eines Tages etwas Ähnliches, als sie in einem Zentrum, in dem behinderte Kinder und Erwachsene mit Pferden zusammengebracht werden, ehrenamtlich tätig war. Karen kümmerte sich dort um ein Zwergpferd namens Buddy. Sie striegelte es und führte es durch die ländliche Umgebung des Zentrums spazieren. Auf ihrem Spaziergang kamen sie an mehreren Grundstücken vorbei, an denen Hunde hinter den Zäunen dem Pferd nachrannten und wütend kläfften. An jenem Tag bellte nur ein Hund: ein blonder Labrador. Er rannte am Zaun entlang, als Buddy stehen blieb, um ein bisschen Gras zu futtern. Der Hund drehte fast durch. Schon in der Vergangenheit hatte Karen ihn aufgefordert, sich zu beruhigen –

ohne Erfolg. Diesmal unterhielt sie sich länger mit ihm. Sie sagte zu ihm: »Du rennst so schnell, dass du gar nicht bellen kannst!« Plötzlich wurde der Hund langsamer und hörte auf, bis ans Ende des Zauns zu rennen. Stattdessen rannte er direkt an die Stelle, an der Karen mit Buddy stand. Karen staunte. Dann sagte sie ihm, er brauche keine Angst zu haben, weil Buddy und sie an seinem Grundstück nicht interessiert seien und Buddy nur ein bisschen Gras fressen wolle. Der Hund hörte abrupt auf zu bellen und zu rennen. Er sah Karen direkt an, drehte sich um und lief auf die andere Seite seines Gartens. Er ließ sich nicht einmal dann blicken, als sie und Buddy weitergingen.

Karen und Buddy

Wenn Sie mit Ihrem Tier sprechen, als könnte es Sie wirklich verstehen, werden Sie möglicherweise Veränderungen in seinem Verhalten und seiner Einstellung feststellen. Es ist, als wollte es sagen: »Super, sie hat es endlich kapiert! Also gut, dann wollen wir jetzt mal dieses Spiel spielen …«

Diese Erfahrung machte Kelly Boesel mit ihren Pferden. Kelly füttert ihre Pferde jeden Morgen auf dem Weg zur Arbeit. Die Tiere sind auf einer großen Weide untergebracht. Früher musste Kelly über ein paar Hügel wandern, um sie zu finden und für die Fütterung hereinzuholen. Eines Tages beschloss sie, ein Experiment auszuprobieren. Sie redete zu ihren Pferden laut, so als würde sie zu einer Gruppe von Menschen sprechen. Sie bat die Tiere, sich jeden Morgen um acht Uhr am Tor einzufinden, damit sie nicht erst lange herumlaufen müsse, um sie zu finden. Am nächsten Tag standen die Pferde wie von Zauberhand herbeigeholt am Tor und warteten dort auf sie. Jetzt kommuniziert sie mit ihren Pferden auf dem Weg zur Weide im Auto und lässt die Tiere wissen, dass sie unterwegs ist. Anscheinend hören sie Kelly, denn sie kommen jetzt jeden Morgen ans Tor.

Ich halte alle Tiere für intelligente Lebewesen. Zwar hat jede Spezies ihre eigenen Prioritäten und körperlichen Fähigkeiten, die beeinflussen, wie ihre Intelligenz sich ausdrückt. Doch die Vorstellung, Tiere wären nicht so klug wie Menschen, ist falsch; ihre Intelligenz unterscheidet sich nur von unserer. Wenn Sie anfangen, intuitiv mit Tieren zu kommunizieren, werden Sie allmählich die einzigartige Intelligenz jeder Spezies und jedes individuellen Tieres wahrnehmen.

Auch drücken Tiere dieselben Gefühle mit derselben Intensität aus wie wir Menschen. Der Ethologe Marc Bekoff aus Maverick hat ein Buch über dieses Thema geschrieben, das den Titel *Das unnötige Leiden der Tiere* trägt. Die meisten Wissenschaftler stimmen jedoch noch nicht zu, dass Tiere genauso wie Menschen empfinden können. Doch was immer Wissenschaftler auch sagen mögen: Tierfreunde wissen einfach, dass Tiere genauso tiefe und starke Gefühle wie Menschen haben.

Debbie und Taffy (48 Jahre alt)

Tiere zeigen uns durch ihr Verhalten ständig ihre Emotionen. Wie lässt sich sonst das Verhalten von dem Pferd Taffy erklären, um das es in der nächsten Geschichte geht?

Debbie Erdman, eine Klientin von mir, ritt ihre Stute Taffy, die nicht mehr die Jüngste war, regelmäßig im Gelände und am Strand entlang. Als Taffy achtunddreißig Jahre alt wurde, ging Debbie davon aus, dass die langen Strecken am Strand der Stute zu viel sein könnten. Deswegen nahm Debbie ein anderes Pferd für ihren nächsten Ritt. Als sie zurückkam, zeigte Taffy ihr den ganzen Tag über »die kalte Schulter«. Immer wenn Debbie auftauchte, drehte sie ihr den Rücken zu. Taffy zeigte ihr damit deutlich, dass sie nicht glücklich war, weil sie ausgeschlossen worden war.

Von dem Tag an kam Taffy wieder auf jeden Geländeritt mit. Bei langen Strecken lief sie an einem Führstrick, während Debbie ihr anderes Pferd ritt. Debbie reitet Taffy, die mittlerweile achtundvierzig ist, immer noch. Die Stute liebt es, an der Spitze zu reiten, und ist unverzichtbar, wenn es darum geht, anderen Pferden die Angst vor dem Gelände zu nehmen.

Informationen intuitiv senden

Im Folgenden finden Sie ein paar Übungen, wie man Informationen intuitiv an sein Tier sendet. So wie bei allen Übungen in diesem Buch sollten Sie ein Notizbuch bereitlegen, um Ihre Ergebnisse zu notieren und Ihre Fortschritte aufzuzeichnen. Am besten eignet sich ein stabiles Notizbuch, das Sie auch mit nach draußen nehmen können.

Übung
So sprechen, als würde das Tier es verstehen

Legen Sie für die nächsten zwei Wochen Ihre Zweifel ab und tun Sie so, als könnte Ihr Tier alles verstehen, was Sie sagen, denken oder empfinden. Sprechen Sie so laut mit Ihrem Tier wie mit einem anderen Menschen. Erklären Sie ihm alles, was Sie tun. Sagen Sie Ihrem Tier, wann Sie wieder nach Hause kommen und warum es nicht mitkommen kann, wenn Sie weggehen. Erklären Sie Ihrem Tier jeden Tag so viele Einzelheiten wie möglich. Ich bin sicher, am Ende der beiden Wochen werden Sie davon überzeugt sein, dass Ihr Tier Sie wirklich intuitiv hören und verstehen kann.

Übung
Denken, fühlen, visualisieren

Sprechen ist eine Methode, um Informationen zu senden. Bei den folgenden Übungen schicken Sie Ihrem Tier mental Informationen in Form von Gedanken, Gefühlen und visuellen Bildern. Diese Übungen können Sie in der direkten Gegenwart Ihres Tieres oder auch aus der Ferne machen. Sie brauchen dazu nicht die Aufmerksamkeit des Tieres. Es kann dabei spielen oder sogar schlafen. Ihr Tier wird die Kommunikation trotzdem empfangen. Manche Tiere geben Hinweise darauf, dass sie die Information erhalten haben, andere zeigen es nicht. Es handelt sich um Experimente; notieren Sie daher die Ergebnisse und werten Sie diese erst später aus.

Denken
Denken Sie an eine Eigenschaft, die Sie an Ihrem Tier lieben, und überlegen Sie sich in Gedanken ein Kompliment, so als würden Sie es aussprechen. Ihr Gedanke kann zum Beispiel so formuliert sein: »Mich beeindruckt, wie gut du mit anderen Hunden umgehst.« Senden Sie diesen Gedanken mental an das Tier, indem Sie die Augen schließen und sich vorstellen, wie der Gedanke durch die Luft fliegt. Nehmen Sie sich dabei fest vor, dass der Gedanke wirklich gesendet und empfangen wird.

Fühlen

Stellen Sie sich ein Gefühl vor, das Sie Ihrem Tier gern schicken würden – vielleicht Liebe oder Dankbarkeit. Konkretisieren Sie das Gefühl im Herzen, indem Sie an ein vergangenes Ereignis denken, als Sie Liebe oder Dankbarkeit für Ihr Tier empfunden haben. Nun stellen Sie sich vor, wie Sie die Türen Ihres Herzens öffnen und wie das Gefühl durch die Luft Ihrem Tier zufliegt. Nehmen Sie sich fest vor, dass das Gefühl wirklich gesendet und empfangen wird.

Visualisieren

Manchen Menschen fällt es schwer, zu visualisieren. Falls das auch auf Sie zutrifft, können Sie dennoch die folgende Übung machen und dafür Ihre Gefühle anwenden. Viele Leute, die mir zuerst gesagt haben, sie könnten nicht visualisieren, waren dazu plötzlich in der Lage, sobald sie anfingen, intuitiv mit Tieren zu kommunizieren.

Visualisieren (oder fühlen) Sie ein Bild, auf dem etwas Angenehmes abgebildet ist und das Sie Ihrem Tier schicken möchten. Das kann eine schöne oder lustige Aktivität sein – oder auch eine Belohnung, die Sie Ihrem Tier geben werden. Stellen Sie sich vor, dass das Bild durch die Luft zu Ihrem Tier fliegt. Nehmen Sie sich fest vor, dass das Bild bei Ihrem Tier ankommt.

Übung
Bitten Sie um eine Bestätigung

Bitten Sie Ihr Tier, etwas zu tun, was beweist, dass es Sie gehört hat. Merlaine Agresta tat das mit ihrem Pferd Bump. Sie stellte sich vor Bumps Stall hin und sagte ihm laut, wie lieb sie ihn habe und wie wichtig er ihr sei. Dann küsste sie ihn auf die Schnauze und sagte: »Weißt du, ich wünsche mir, dass du mich bloß einmal küsst, um mir zu zeigen, wie lieb du mich hast!« Bump wandte sich ihr zu und leckte ihr das Gesicht ab. Das war etwas, was er sonst nie tat. Merlaine fiel aus allen Wolken, als sie daran erkannte, dass sie wirklich mit Bump reden konnte.

Die Mitteilungen der Tiere verstehen

Tiere versuchen ständig, sich uns verständlich zu machen. Sie senden uns dauernd intuitive Mitteilungen, derer wir uns nicht bewusst sind. Doch trotz unseres Verstands erreicht uns so manche tierische Botschaft. Wenn Sie glauben, Ihr Hund würde frisches Wasser brauchen, und Sie anschließend an seinen Trinknapf gehen und feststellen, dass er leer ist, dann hat er Ihnen wahrscheinlich diese Mitteilung intuitiv geschickt. Sie haben sie nur nicht bewusst registriert. Wenn Sie Übung in intuitiver Kommunikation bekommen, werden Sie hören können, was Ihr Tier will und braucht. Für Tiere ist es eine große Erleichterung, wenn wir endlich lernen, sie zu verstehen. Das macht ihr Leben sehr viel leichter.

Wenn keine direkte intuitive Kommunikation vorhanden ist, müssen Tiere andere Wege finden, um mit uns zu kommunizieren und von uns verstanden zu werden. Pamela Ginger Flood hat mir die folgende Episode berichtet, in der ihr Pferd Midnight versuchte, ihr eine wichtige Mitteilung zu machen.

Pamela zog gerade um und musste Midnight und ihre beiden anderen Pferde zu ihrem neuen Zuhause bringen. Midnight hasst Pferdehänger. Als der Hänger gebracht wurde, um die Pferde abzuholen, wurde das jüngste Pferd Mikey zuerst verladen, weil es unproblematisch war.

Dann sollte Midnight in den Hänger gebracht werden, und nach ihm Pal, das älteste Pferd. Es dauerte zwanzig Minuten, um Midnight zu verladen. Er blieb stur vor der Verladerampe stehen und rührte sich nicht vom Fleck. Manchmal sah es aus, als würde er sich bewegen, doch dann warf er wieder einen Blick auf Mikey und blieb stehen. Schließlich konnte Midnight doch noch in den Hänger gebracht werden. Sobald Midnight im Hänger nach hinten ging, rempelte Mikey Midnight heftig an und verlor die Fassung. Pamela und ihrer Freundin drohte, gegen die Wand geschleudert und zu Tode getrampelt zu werden. Midnight stellte sich bewusst schützend zwischen Mikey und die beiden Menschen, damit das junge Pferd sie nicht verletzen konnte. Dabei blieb er vollkommen ruhig. Er blieb seelenruhig stehen, ohne sich zu rühren, während Mikey versuchte, sich rückwärts über ihn drüber nach vorne zu bewegen. Am Ende beruhigte Mikey sich, und die Frauen konnten Pal in den Hänger bringen. Midnight hatte die Gefahr vorausgesehen, doch Pamela war zu beschäftigt gewesen, um seine Warnung wegen Mikeys Unsicherheit zu hören. Wie Pamela sagte, war das schon das dritte Mal, dass Midnight sie vor einer ernsthaften Gefahr gerettet habe. Das beweist eine meiner Beobachtungen über Tiere, nämlich dass sie altruistisch sind, auch wenn die meisten Wissenschaftler auf dem Standpunkt verharren, sie seien es nicht.

Pamela mit Pal und Midnight

Informationen zu empfangen ist viel schwerer, als sie zu senden, da wir dazu konditioniert sind, den Prozess abzublocken. Schon in der Schule wird uns beigebracht, kritisch zu denken, und das kritische Denken ist für die Intuition tödlich. Je mehr Ausbildung wir genossen haben, umso schwerer wird es, den Empfang von intuitiven Mitteilungen wieder zu erlernen. Einfach ausgedrückt: Um intuitiv zu empfangen, muss man die Verbindung zum Tier aufnehmen, nach Eindrücken suchen, das Erstbeste nehmen, was einem kommt, und es akzeptieren, ohne es zu bewerten. Das klingt zwar einfach, und für ein paar wenige Glückliche, die nicht zu sehr von der Gesellschaft geprägt worden sind, ist es das auch. Doch für den großen Rest tun sich dabei einige hohe Brombeerhecken auf, die es zu überwinden gilt.

Intuitive Empfangsmethoden

Bevor Sie das Empfangen von Informationen üben, ist es hilfreich, zu wissen, wie eine empfangene intuitive Wahrnehmung aussehen kann. Es gibt sechs Wege, über die Sie intuitiv Informationen empfangen können: über das Wissen, das Sehen, Hören, Fühlen, Riechen und Schmecken. Hier ist eine Beschreibung jeder Empfangsmethode:

Wissen

Intuitive Eindrücke werden oft als ein Gefühl wahrgenommen, etwas einfach zu wissen. Dieses Gefühl taucht ganz plötzlich auf. Dann wissen Sie, dass etwas wahr ist, ohne eine Ahnung zu haben, woher Sie es wissen. Diese Empfangsmethode nennt sich auch »das klare Wissen« oder *Claircognicence*. Ich erinnere mich noch gut an den Tag, an dem ich meine schwarze Labradorhündin Daisy fragte, ob ich sie einschläfern lassen sollte. Sie schickte mir das sichere Wissen, dass sie bereit war zu gehen.

Sehen

Für diese Empfangsmethode hilft es, die Augen zu schließen. Dann kann es sein, dass Sie Bilder oder Szenen wie einen Film vor dem geistigen Auge sehen. Einmal zeigte mir ein Pferd, mit dem ich kommunizierte, das deutliche Bild eines kleinen grauen Kätzchens. Ich sah das Kätzchen neben dem Pferd im Stall stehen. Mir war klar, dass dieses Bild vom Pferd kam, da es mir von allein nicht gekommen wäre. Als ich die Besitzerin des Pferdes danach fragte, bestätigte sie mir, dass das Bild richtig war, und dass das Pferd und das Kätzchen unzertrennliche Freunde seien. Diese Form des Empfangens nennt sich »Hellsehen« oder Clairvoyance.

Hören

Man kann mental Wörter und Phrasen oder sogar ganze Sätze und Abschnitte erhalten. Zuerst wird sich das so anfühlen und klingen, als würden Sie mit sich selbst reden, auch wenn manche Leute bei jedem Tier, mit dem sie sprechen, verschiedene Stimmtöne und Akzente wahrnehmen. Ein vermisster Kater, mit dem ich einmal kommunizierte, sagte mir, er sei »hoch oben«. Ich ließ seine Besitzer alle Bäume der Umgebung überprüfen. Tatsächlich stellte sich heraus, dass er auf dem Dach des Nachbarhauses saß. Diese Methode wird »Hellhören« oder *Clairaudience* genannt.

Fühlen

Gefühle können in Form von Emotionen oder als Körpergefühle intuitiv empfangen werden. Man kann spüren, wie sich ein Tier in einer bestimmten Situation oder wegen einer Sache fühlt, und auch, wenn ein Tier sich körperlich nicht wohl fühlt. In einem Fall kommunizierte ich mit einem Pferd, das sehr betrübt war und sich Sorgen wegen seines schlechten Benehmens machte. Wie es sagte, konnte es nicht anders, weil es solche Zahnschmerzen hatte. Ein Pferdezahnarzt untersuchte es und stellte starke Zahnbeschwerden fest. Sobald sie beseitigt waren, benahm sich das Pferd viel besser. Diese Methode wird »Hellfühlen« oder *Clairsentience* genannt.

Riechen und Schmecken

Wahrnehmungen in Form eines virtuellen Geruchs oder Geschmacks sind seltener als die anderen Empfangsmethoden. Wenn ich mit vermissten Tieren arbeite, achte ich darauf, sie zu fragen, was sie riechen und schmecken, weil das wichtige Hinweise sein können, wo man nach ihnen suchen kann. Einmal schickte mir ein Kater den Geruch von chinesischem Essen. Wie sich herausstellte, war er unbeabsichtigt in den Keller des chinesischen Restaurants neben seinem Zuhause eingeschlossen worden. Einen Geruch intuitiv zu erhalten, nennt sich »Hellriechen« oder auch *Clairambience*.

Welche Methode sollten Sie anwenden?

Es gibt nicht *die* eine richtige Methode, um intuitiv Informationen zu erhalten. Wenn Sie die in diesem Kapitel beschriebenen Übungen ausprobieren, kann es sein, dass Sie auf die eine oder andere Methode am leichtesten intuitive Kommunikation empfangen. Jeder Mensch ist anders; was für Sie am leichtesten ist, mag für andere schwieriger sein. Nach viel Üben kann ich mittlerweile durch jede der oben erwähnten Methoden Informationen erhalten. Und noch mehr: Wenn ich das Tier bitte, mir Informationen auf eine bestimmte Weise zu senden, kann ich sie empfangen. Im Grunde ist es egal, wie Sie etwas erhalten – Hauptsache, es kommt bei Ihnen an.

Sich intuitiven Wahrnehmungen öffnen

Wenn Sie sich dem Empfangen intuitiver Wahrnehmungen und Eindrücke öffnen, werden Sie so etwas wie ein menschlicher Radarscanner, der in Ihrem Bewusstseinsfeld nach eingehenden Daten sucht und sie festhält. Ihr Ziel ist es, diese Informationen genau so festzuhalten, wie sie Ihnen kommen, und dabei der Versuchung zu widerstehen, sie zu verändern, um sie logischer und akzeptabler klingen zu lassen. Versuchen Sie, Ihre Wahrnehmungen rein und ungefiltert aufzuschreiben. Selektieren, qualifizieren, bewerten oder ignorieren Sie keine eingehenden Eindrücke. Sie haben die Aufgabe, sie zu erkennen und zu notieren. Schreiben Sie alles auf, sogar wenn es offensichtlich, albern, eingebildet, blöd oder merkwürdig klingt. Wenn keine Wahrnehmungen erfolgen, schätzen Sie, wie die Information lauten könnte. Das hilft, Ihre Intuition zu schärfen und Sie weiterzubringen.

Es dauerte lange, bis ich auf die soeben beschriebene Methode kam. Sie ist der Schlüssel zum einfachen und korrekten Empfang von Informationen. Wenn Sie die Anleitung befolgen können, werden Sie viel leichter intuitive Kommunikation empfangen.

Die Hilfe Ihres inneren Kritikers

Wenn Sie anfangen, intuitiv zu kommunizieren, werden Sie das Gefühl haben, sich alles nur eingebildet oder ausgedacht zu haben – vor allem, wenn Sie mit Ihrem eigenen Tier sprechen. Das ist, weil Sie so viel über Ihr Tier wissen, dass es schwer sein wird, objektiv zu sein. Sie könnten durch Ihren Verstand beeinträchtigt werden. Manche Anfänger sind sich selbst gegenüber zu kritisch und werden vollkommen entmutigt. Sie glauben nicht an ihre eigene Fähigkeit, intuitiv zu kommunizieren. Machen Sie sich daher Ihren inneren Kritiker zunutze. Setzen Sie sich einen Zeitrahmen für das Experiment in intuitiver Kommunikation – ich empfehle drei Monate. Bitten Sie dann Ihren inneren Kritiker, Sie in dieser Zeit bei der Wahrnehmung und dem Festhalten der Informationen zu unterstützen, statt das, was Sie erhalten, zu bewerten und als Unsinn beiseitezuschieben. Nach diesen drei Monaten können Sie sehen, welche Fortschritte Sie gemacht haben, und entscheiden, ob Sie weiterhin damit experimentieren möchten.

Das Bedürfnis nach Beweisen

Für Ihren Verstand ist es wichtig, Beweise zu erhalten, dass intuitive Kommunikation wirklich real ist. Das ist überhaupt das Wichtigste, was erreicht werden muss. Sobald Sie wissen, wie Sie mit Ihren eigenen Tieren sprechen können, werde ich Ihnen zeigen, wie Sie mit Tieren kommunizieren, die Sie nicht kennen, und wie Sie ihnen Fragen stellen können, deren Antworten sich hinterher überprüfen lassen. Die Resultate solcher verifizierbarer Experimente können äußerst überzeugend sein, wie Sie an der nächsten Geschichte sehen werden.

Wie viele meiner mutigen Schüler nahm sich auch Kendra Wilson nach einem meiner Seminare meinen Rat zu üben zu Herzen und fing an, intuitiv mit allem zu reden, was sich bewegte. Das ist die beste Übungsmethode, da man dann dauernd kommuniziert. Ihre Freundin zweifelte an Kendras Fähigkeiten, bis Kendra eine Unterhaltung mit einem Maultier hatte, die sich als erstaunlich präzise herausstellte. Sie begegneten dem Maultier bei einer Pferdeshow. Kendra sah zwei angebundene Maultiere und ging hin, um Hallo zu sagen. Das braune Maultier trug einen Umhang, auf dem »Champion im Coon-Jumping, 2005« stand. Coon-Jumping ist ein Sport, den nur Maultiere ausüben können. Dabei springt das Tier aus dem Stand direkt über eine Stange, ähnlich wie Hochspringen ohne Anlauf.

Kendra sprach mit dem braunen Maultier und gratulierte ihm zu seinem Meistertitel. Da fing das andere Maultier, das weiß war, an zu wiehern. Es schubste den Braunen weg und hielt Kendra das Gesicht hin. Sie hörte das weiße Maultier intuitiv: »Nein, *ich* bin der Champion. Ich bin der Champion. Ich! Nicht er – ich!« Sie sagte laut zu dem Maultier: »Okay, reg dich ab. Also gut, *du* bist der Champion. Bist du jetzt zufrieden?« Da schien sich das Maultier zu beruhigen. Kendra erklärte ihrer Freundin, was passiert war, und beide beschlossen, das Ergebnis zu überprüfen. Sie hatten vor, dem Wettbewerb im Coon-Jumping zuzusehen, der in ein paar Stunden stattfinden würde. Wenn beide Maultiere anträten, könnten sie mit eigenen Augen sehen, wer der bessere Springer wäre.

Während sie weggingen, fing das weiße Maultier an, wieder unruhig zu werden. Kendra drehte sich um und fragte es intuitiv, was los war. Wie das Tier ihr mental mitteilte, wollte es, dass sie zurückkam und es an den Ohren kraulte. Sie gab seiner Bitte nach und ging dann mit ihrer Freundin weg. Diesmal blieb das Maultier ruhig.

Als der Wettbewerb verkündet wurde, setzten sie sich hin, um zuzuschauen. Sie konnten es kaum glauben, als das weiße Maultier mit einem glitzernden Halfter und verziertem Umhang mit Glitzersteinen am Saum auftauchte und den Titel »Champion im Coon-Jumping 2008, White Lightning« trug. Kendra winkte dem Maultier zu und rief: »Hallo, Lightning!« Das Maultier sah Kendra direkt an und fing an, so laut es konnte, nonstop zu wiehern. Da wussten Kendra und ihre Freundin, dass sie soeben eine Privataudienz bei einem Weltmeister gehabt hatten.

Anzeichen von intuitiver Kommunikation

Wenn Sie intuitive Eindrücke erhalten, sollten Sie sie auf die folgenden drei Merkmale hin prüfen. Das Erste ist, dass die Eindrücke schnell kommen – manchmal noch bevor Sie eine Frage stellen oder beenden können. Das Zweite ist, wenn das, was Sie erhalten, Ihnen merkwürdig vorkommt und Sie wissen, dass Sie sich das nicht ausdenken könnten. Und das dritte Merkmal ist das deutliche Gefühl von Sicherheit, dass die Information stimmt. Wenn eines dieser Merkmale gegeben ist, können Sie relativ sicher davon ausgehen, dass die Eindrücke direkt vom Tier kommen.

Heather Miller erzählte mir mehrere Erlebnisse, die diese drei Merkmale illustrieren. Sie sprach einmal mit einem Hund namens Oscar über seine Krebsdiagnose und die Tatsache, dass der Tierarzt ihm nur noch drei Wochen zu leben gab. Oscar sagte dazu: »Der Tierarzt ist dumm!« Diese Information kam sehr rasch, und Heather wusste, dass sie vom Tier stammen musste, da sie den Tierarzt nicht für dumm hielt und es ihr komisch vorkam, dass der Hund so etwas sagen würde. Doch wie sich herausstellte, lebte Oscar noch ein ganzes Jahr.

Heather kommunizierte mit einem anderen Hund, der einer Knieoperation unterzogen werden sollte. Als sie ihn fragte, ob er vor irgendetwas Angst habe, sagte er, er mache sich Sorgen wegen der Kosten. Heather hielt das für seltsam, da er einer ziemlich wohlhabenden Familie gehörte. Als sie ihn fragte, warum er sich wegen Geld Sorgen mache, antwortete er: »Weil meine Besitzer immer darüber reden.« Heather stellte ein paar Nachforschungen an und fand heraus, dass der Hund Recht behielt. Die Besitzer des Hundes sorgten sich wegen der Kosten für die bevorstehende Operation und sprachen dauernd darüber.

Als Heather sich bei dem Kater Smudge erkundigte, ob ihm sein Name gefiel, erhielt sie ein deutliches »Nein!«

»Nun, Smudge«, fragte sie, »wie würdest du denn lieber heißen?«

»Prince«, erwiderte er.

Als sie Smudges Frauchen informierte, dass der Kater seinen Namen ablehnte, entgegnete die Frau: »Ach, ihm gefällt sein Name nicht? Na, wahrscheinlich würde er lieber ›Seine Königliche Hoheit‹ genannt werden!«

Mitteilungen Ihres eigenen Tieres überprüfen

Wenn Sie mit Ihrem eigenen Tier sprechen, wird es nicht so einfach sein, eine solche sofortige Bestätigung zu erhalten. Ich empfehle Ihnen, sich stattdessen darauf zu konzentrieren, einen Kommunikationsfluss zu erreichen. Es ist jedoch schon möglich, von Ihrem eigenen Tier eine Verifizierung zu erhalten. Sie findet häufig in Form eines bestimmten Verhaltens statt, das Ihnen zeigt, dass Ihr Tier Sie gehört und verstanden hat. Hier zwei Beispiele:

Jo Spensers Hund Rebel hat einen zu starken Beschützerinstinkt, wenn es um sein Frauchen geht. Deshalb beschloss sie, sich mit ihm zu unterhalten, um ihn auf eine geplante Geburtstagsparty vorzubereiten. Wie sie ihm mitteilte, waren die Gäste Freunde von ihr und sollten ins Haus gelassen werden, ohne von ihm durch Bellen oder Knurren eingeschüchtert zu werden. Während sie mit Rebel sprach, erhielt sie ein überwältigend klares Gefühl von ihm. Ihr war, als hätte er ihr gesagt, dass er gebadet werden wollte, bevor sie Gäste einlud. Wie Jo berichtete, war Rebel nie besonders kooperativ, wenn er ein Bad nehmen musste, und da er fünfundfünfzig Kilo wiegt, musste sie damit rechnen, wieder einmal durchnässt zu werden. Doch als sie die Shampooflasche und ein Handtuch holte, sprang Rebel genauso freudig auf, wie wenn sie die Leine für einen Spaziergang holte. Bei der Wäsche zeigte er sich extrem kooperativ. Er drehte sich, wenn es nötig war, und hob gehorsam die Pfoten. Er nahm sogar ein paar Meter Abstand, bevor er sich nach dem Bad schüttelte.

Kelly und Guinness

Meine Pferdetrainerin Kelly Michalec hat mir die folgende Begebenheit mit ihrem Wildpferd Guinness erzählt.

Es wurde mit vier Jahren aus der Wildnis geholt und fing an, ihr gegenüber bissig zu werden. Sie konnte nicht herausfinden, was los war, doch ihr war klar, dass Guinness ihr etwas sagen wollte. Auch wenn er keine Anzeichen von Schmerzen hatte, fragte sie ihn immer wieder: »Tun dir die Füße weh? Oder der Rücken? Was fehlt dir?« Und eines Tages stellte sie die Frage: »Tun dir die Zähne weh?« Sobald sie das gesagt hatte, hörte er auf zu beißen. Da wurde Kelly klar, dass etwas mit seinen Zähnen nicht in Ordnung war, obwohl sie seine Zähne hatte richten lassen. Sie bat den Tierzahnarzt, die Zähne des Pferdes noch einmal zu untersuchen. Wie er feststellte, befand sich hinten im Maul des Pferdes ein abgebrochener Babyzahn. Guinness hat nie mehr versucht, Kelly zu beißen. Wäre sein zersplitterter Zahn nicht entdeckt worden, hätte er eine ernsthafte Entzündung hervorrufen können.

Informationen intuitiv erhalten

Bei den folgenden Übungen können Sie das Erhalten von Informationen Ihrer Tiere trainieren. Halten Sie dazu Ihr Notizbuch bereit, um die Ergebnisse gleich festzuhalten. Probieren Sie aus, welche Übung Ihnen am meisten zusagt und, wenn möglich, versuchen Sie, jeden Tag eine Übung mit Ihrem Tier durchzuführen. Um intuitive Kommunikation zu erlernen, müssen Sie Wege finden, regelmäßig im Alltag zu üben.

Vergessen Sie nicht, dass Sie längst in intuitiver Verbindung zu Ihren eigenen Tieren stehen. Alles, was Sie tun müssen, ist anzufangen, mit ihnen zu kommunizieren. Doch um Informationen zu empfangen, ist es hilfreich, die Augen zuzumachen. Wenn Sie möchten, können Sie Ihrem Tier ein Gefühl von Liebe senden, bevor Sie anfangen, mit ihm zu kommunizieren. Und machen Sie sich keine Sorgen, wenn Ihr Tier umherläuft, frisst oder spielt, während Sie mit ihm kommunizieren. Das Tier muss dabei seine Aufmerksamkeit nicht auf Sie richten. Auch muss es nicht dabei sein, während Sie diese Übungen ausführen. Sie können auch aus der Ferne mit Ihrem Tier sprechen.

Übung

Was ist los?

Wenn Sie im Alltag das Gefühl haben, als wollte Ihr Tier Ihnen etwas mitteilen, dann halten Sie inne und fragen es, was los ist. Wenn Sie nichts empfangen, sagen Sie Ihrem Tier, dass es einfach weiterhin versuchen soll, sich Ihnen mitzuteilen, und dass Sie es irgendwann verstehen werden. Schreiben Sie jede erhaltene Information auf.

Übung

Was hältst du davon?

Fangen Sie an, Ihr Tier mehr in Ihren Alltag zu involvieren, indem Sie es nach seiner Meinung fragen. Sie können es über jeden beliebigen Aspekt Ihres Lebens um seine Meinung bitten – und auch um alles, was Sie tun oder vorhaben. Sie können Ihr Tier zum Beispiel fragen, was es von Ihren Freunden hält oder in welchen Park es gehen will. Fragen Sie einfach laut: »Was ist deine Meinung über …?« Notieren Sie dann sämtliche Wahrnehmungen, die Sie erhalten.

Übung

Um eine Mitteilung bitten

Senden Sie Ihrem Tier in Gedanken ein Kompliment und fragen Sie es dann, ob es eine Nachricht für Sie hat. Schreiben Sie alles auf, was Sie empfangen, und nehmen Sie es als Mitteilung Ihres Tieres an.

Übung
Um eine Frage bitten

Dies ist eine meiner Lieblingsübungen. Sie kam mir eines Tages, als ich mir überlegte, dass Tierkommunikatoren Tieren immer wieder Fragen stellen. Dabei kam mir, dass Tiere das satt haben könnten. Was ist, wenn ein Tier eine Frage hat? Wie erhält es eine Antwort darauf? Fangen Sie bei dieser Übung an, indem Sie Ihr Tier fragen, ob es eine Frage an Sie hat. Stellen Sie diese Frage laut. Achten Sie dann genau darauf, ob Ihnen eine Frage in den Kopf kommt. Sie können dabei die Augen schließen oder offen lassen. Nehmen Sie die erste Frage, der Sie sich bewusst werden, unabhängig davon, ob Sie glauben, dass sie von Ihrem Tier kommen könnte oder nicht. Beantworten Sie sie so gut wie möglich. Wenn Ihnen keine Frage einfällt, sagen Sie Ihrem Tier, dass Sie es an einem anderen Tag noch einmal fragen werden. Wenn Sie eine Frage erhalten, bleiben Sie dran. Bitten Sie Ihr Tier um weitere Fragen. Beantworten Sie sie so gut Sie können, bis Ihr Tier aufhört, Fragen zu stellen.

Das Schöne an der Übung ist, dass sie Ihrem Tier die Kontrolle über das Gespräch gibt und seine Bedürfnisse und Sorgen anspricht. Wenn Sie diese Übung machen, kann es passieren, dass Sie einen echten Dialog über irgendein Problem anregen, das Ihr Tier anspricht. Ist das nicht genau das, was jeder erhofft und erreichen will?

Manchmal schicken Tiere sogar witzige Fragen. Eine davon, die ich nie mehr vergessen werde, tauchte in einem meiner Seminare in Massachusetts auf. Eine Frau bat ihren Border Collie um eine Frage. Der Hund schickte ihr fünf Fragen hintereinander. Jedes Mal wollte er wissen, ob die Frau ihn genauso sehr wie ihre anderen fünf Border Collies liebte. Jedes Mal antwortete die Besitzerin, dass sie ihn natürlich genauso liebte wie ihre anderen Hunde.

Die letzte Frage der Colliehündin lautete: »Also wenn das wahr ist – liebst du mich dann genug, um mich jetzt nach Hause zu bringen?«

Eben typisch Border Collie.

3

Das Zweierrudel

Die Überschrift für dieses Kapitel basiert auf einem Buch von Caroline Knapp: *A Pack of Two.*[1] Es ist eines meiner Lieblingsbücher und ich empfehle es Ihnen. Die Autorin untersucht darin ihre Beziehung zu einem geretteten Hund und die Tiefe der Verbindung, die sich im Verlauf der Zeit ergeben hat. Es sind diese Tiere in unserem Leben – und nicht jedes Tier –, die unsere Seelengefährten sind. Jeder Tag mit so einem Tier wird durch Freude und bedingungslose Liebe bereichert.

Die Beziehung, die wir zu einem Tier haben können, ist tiefgründiger als jede Beziehung, die wir zu einem Mitmenschen aufbauen können. Denn Tiere haben Eigenschaften, die Menschen fehlen. Tiere leben den gegenwärtigen Augenblick vollkommen, und das mit Körper, Verstand, Herz und Seele. Dabei ziehen sie uns mit in die Gegenwart und holen uns aus unserer Konzentration auf die Zukunft und die Vergangenheit. Wenn wir einem Tier in der Welt des Hier und Jetzt folgen können, bleibt die Zeit stehen und wir stehen mitten im Leben. Daher ist der Teil des Tages, in dem wir mit dem Hund gehen, mit der Katze spielen oder die Pferde füttern, die Zeit, die am meisten Bereicherung und Ruhe schenkt.

Eine weitere Eigenschaft, die die Beziehung zwischen Mensch und Tier einzigartig macht, ist die Tatsache, dass Tiere nicht lügen. Wenn wir aufpassen, teilen sie uns ständig intuitiv und durch ihre Körpersprache mit, was sie von unseren Handlungen oder Ereignissen in ihrem Leben halten. Sie geben uns unmittelbar ihr ehrliches Feedback, statt es auseinanderzunehmen und von ihren Gefühlen abzutrennen, wie wir Menschen es so oft tun. Tiere, die nicht schwer misshandelt wurden, sind sich ihrer Emotionen äußerst bewusst und tendieren dazu, sofort dementsprechend zu handeln. Es gibt nur wenige Menschen, die sich so verhalten. Wenn Sie mit einem Tier zusammen sind, können Sie immer sicher sein, dass Sie die Wahrheit erfahren, wenn Sie nur zuhören. Die meisten Menschen sind nicht zu der bedingungslosen Liebe und grenzenlosen Vergebung fähig, die Tiere immer wieder bieten. Wenn wir einem Tier unsere Liebe geben, können wir sichergehen, dass wir sie irgendwann um ein Vielfaches zurückbekommen. Und wir wissen auch, dass unsere Tiere uns vergeben, wenn wir Fehler machen, obwohl wir es gut mit ihnen meinen. Ich definiere diese Eigenschaften als Merkmale eines authentischen Wesens, und unabhängig davon, wie domestiziert ein Tier wirken mag, besitzt es diese Eigenschaften im Überfluss. Ich bin überzeugt, dass Menschen und Tiere gleichermaßen als authentische Wesen geboren werden. Der Unterschied ist nur, dass Tiere sich ihre Authentizität bewahren – und wir nicht.

In den meisten modernen Kulturen werden wir dazu konditioniert, uns von unserem Herzen loszusagen, um uns auf die Vergangenheit und die Zukunft zu konzentrieren, in einem Ausmaß, das die Gegenwart ausschließt. Auch sollen wir denken statt fühlen. Wenn wir älter werden, lernen wir, Dinge zu beurteilen, vergeben langsamer und werden vorsichtiger, wem wir unsere Liebe schenken. Leider ist das die heutige Kultur. Doch wahrscheinlich war es in den meisten ursprünglichen Kulturen der Urvölker noch nicht so. Ich glaube, Menschen solcher Kulturen hatten dieselben authentischen Eigenschaften wie Tiere und behielten diese Charaktermerkmale auch noch, als sie erwachsen wurden. Wenn ich Tiere als authentischer als moderne Menschen bezeichne, so mache ich doch keine Engel aus ihnen. Tiere machen unschöne Sachen: Sie töten, sie fressen Kot und sie können einem Angst einjagen, nervig oder stur sein. Was ich betonen will, ist, dass man bei einem Tier niemals Falschheit feststellen wird, und dass man bei einem Tier meistens auf Vergebung für etwas zählen kann, wofür ein Mensch einen möglicherweise für immer ablehnen wird.

Die Zweierallianz

Unsere Tiere wollen nichts weiter, als dass wir glücklich mit ihnen und unserem Leben sind. Sie wollen mit uns eine Zweierallianz bilden, indem wir uns wie ein Wesen bewegen und handeln. Wenn der Fluss und die Verbindung in unserer Beziehung zu unserem Tier nicht vorhanden sind, sollten wir den Grund dafür herausfinden. Wenn wir den Mut haben, hinzusehen, können Tiere unsere besten Lehrer werden. Es mag Zeit dauern, die Allianz unserer Träume mit unseren Tieren zu bilden, doch unser Leben wird dadurch in jedem Fall bereichert. Wie Suzanne Clothier es in *Es würde Knochen vom Himmel regnen* formuliert:

> Jede Beziehung zwischen Mensch und Tier ist eine Brücke, die so einzigartig geformt ist, dass sie nur diese beiden trägt und deswegen auch von ihnen gebaut werden muss. Auch wenn es ein Lebenswerk ist, finden ihr Bau und die Reparaturen langsam statt, in der Herzenszeit, mit einem Herzschlag nach dem anderen. Und es ist eine anstrengende Arbeit, so wie die Arbeit des Herzens immer anstrengend ist, denn das Herz durstet nach den Dingen, die für das Auge unsichtbar bleiben, Dinge, die man nicht greifen kann.[2]

Liam

Als ich Liam rettete, war er unterernährt und seine Füße waren in einem furchtbaren Zustand. Seine rechte Hüfte war ausgerenkt und seine Zähne mussten gerichtet werden. Mir wurde gesagt, er sei abgesehen davon ein gut ausgebildetes Pferd, das leicht zu führen sei. Schon in der ersten Woche griff dieses gut trainierte Pferd mich auf der Weide und dem Scheunengang an, und immer wenn ich seinen Stall betrat, drehte es sich und bockte. Sein ganzes Verhalten war extrem aggressiv. Habe ich schon erwähnt, dass Liam ein Percheron-Zugpferd ist und ungefähr zweitausend Pfund wiegt? Ich konnte nicht glauben, dass dieses Pferd, das ich vor dem Auktionshammer gerettet hatte, sich so undankbar verhalten konnte. Auch hatte ich Angst vor Liam und geriet immer mehr in Panik. Was sollte ich bloß tun? Die Person, von der ich das Pferd hatte, zeigte mir einige sanfte und natürliche Pferdetrainingsmethoden. Damit konnte ich Liam dazu bringen, den größten Teil seines aggressiven Verhaltens einzustellen. Doch unter der Oberfläche kochte seine Wut weiter. Ich konnte an seinem Blick erkennen, dass er nicht viel von mir hielt. Auch war er mit seinem neuen Leben alles andere als zufrieden. In meinen ersten Kontakten zu Liam hatte ich meinen eigenen Rat missachtet. Ich hatte ihn nicht intuitiv befragt, um mehr über seine Vergangenheit herauszufinden. Ich hatte ihm nicht täglich eine Frage gestellt oder ihn um seine Meinung gebeten. Ich redete zwar oft mit ihm und ließ ihn wissen, was ich von ihm wollte, doch ich blieb in meiner Sicht gefangen und beschäftigte mich nur mit ihr. Seine Sicht hatte ich außen vor gelassen.

Als ich schließlich einen Pferdetrainer fand, mit dem ich arbeiten wollte, konnte ich das Geheimnis um Liam endlich lösen. Mein neuer Trainer stellte fest: »Er hat Angst. Er weiß nicht, ob Sie Druck auf ihn ausüben werden, und ob Sie ihn so ungerecht und unfreundlich behandeln werden wie alle Menschen, denen er in seinem Leben bisher begegnet ist. Er erwartet von Ihnen auch nichts anderes. Sie werden extrem viel Geduld, Beharrlichkeit und Liebe brauchen, um ihn vom Gegenteil zu überzeugen.« Von diesem Moment an konzentrierte ich mich auf Liams Wirklichkeit statt auf meine eigene. Ich fragte ihn, was er in der Vergangenheit erlebt habe, und ich hörte mir seine Berichte über die Misshandlungen an, die er durchgemacht hatte. Er sagte, er wolle nie wieder Bodenarbeit mit der Peitsche machen und dass er Rundgehege nicht ausstehen könne. Ich versprach ihm, dass er so etwas nicht zu tun brauche. Er war äußerst ängstlich, wenn es um seine Hufe ging, da Menschen es immer wieder geschafft hatten, dass seine Füße wund waren. Dazu waren sie auch noch gemein zu ihm gewesen. Ich versprach ihm, dass wir vorsichtig sein würden. Er war nicht sicher, ob er geritten werden wollte. Er wollte nur in Ruhe gelassen werden. Ich gab ihm das Versprechen, nichts gegen seinen Willen von ihm zu fordern.

Liam

Der wahre Liam zeigte sich allmählich durch eine Mischung aus intuitiven Gesprächen, sanften Korrekturen, Geduld und Verständnis. Er musste mit Samthandschuhen angefasst werden, um Vertrauen zu fassen. Zum Teil rührte das womöglich daher, dass er ein Zugpferd ist. Zugpferde tendieren dazu, sehr sensibel und schnell gekränkt zu sein. Seine Augen wurden immer sanfter. Heute sind sie das Schönste an ihm. Jetzt erinnert er an einen riesengroßen, zufriedenen schwarzen Hund. Er hat herausgefunden, dass Reiten Spaß machen kann, und kommt als Erster an, wenn Leute die Pferde im Stall besuchen.

In einem meiner Anfängerkurse ließ ich die Teilnehmer mit Liam kommunizieren. Als sie ihn nach seinen Füßen fragten, sagte er ihnen, ich hätte ihm »neue Füße« geschenkt, mit denen er sehr glücklich sei. Liam hat mir beigebracht, dass man die Tierallianz nur erreichen kann, wenn beide sich gegenseitig respektieren. Es ging nicht nur darum, ihm Respekt mir gegenüber beizubringen. Auch ich musste lernen, ihn zu respektieren.

Star

Carla Abernathys Pferd Star erteilte ihr eine ähnliche Lektion. Auch Carla wurde von ihrem Pferd herausgefordert. Sie hatte zwar nicht das Gefühl, als wollte Star ihr Schaden zufügen, doch irgendetwas störte die Stute, und das wollte sie Carla mitteilen. Ihre Stute Sky war die Leitstute der Herde. Ihr gefiel das angespannte Verhältnis zwischen Star und Carla nicht. Eines Tages kam Sky zu ihnen. Sie schwenkte den Kopf von Carla zu Star und biss dann in die Luft. Wie Carla berichtete, hörte sie klar und deutlich eine innere Stimme sagen: »Hört auf mit dem Streit! Versöhnt euch endlich, ihr beide!«

Carla und Star

Nach Skys Schlichtungsversuch beschloss Carla, Tierkommunikation an Star zu üben, um herauszufinden, was die Stute so störte. Also fragte sie Star, warum sie so wütend sei. Als Antwort erhielt sie den Eindruck, dass sie und ihre Freundin Kathy Stars Gefühle verletzt hätten. Carla spürte Traurigkeit, die von Star ausging. Sie hatte das Gefühl, dass Star eine Entschuldigung von ihr und von Kathy, die Star aufgezogen hatte, wollte. Erst vor kurzem war Kathy sehr frustriert gewesen, weil Star nicht still gestanden hatte, als sie aufsteigen wollte. Sie hatte in strengem Ton mit der Stute gesprochen und Star eine sture Nervensäge genannt.

Beide Frauen entschuldigten sich laut bei Star. Dann fragte Carla die Stute, was nötig sei, damit sie still stehen würde. Carla erhielt daraufhin die visuelle Vorstellung, dass Star im Gras stand. Sie interpretierte das als Stars Antwort, dass sie lieber auf dem Grasboden als auf Asphalt stehen wollte. Dann erhielt Carla das Gefühl von Star, dass sie sich Sorgen machte, dass ihre Reiter stürzen und sich verletzen könnten, und dass es ihr sicherer vorkam, wenn man sie im Gras bestieg. Das schien die Lösung zu sein, denn sobald die Aufstiegshilfe auf den Rasen gestellt wurde, war Star wieder so unbeschwert wie früher. Carla hätte eine Reitgerte oder etwas Ähnliches verwenden können, um Star dazu zu bringen, sich unterzuordnen und zu gehorchen, aber dann hätte sie Stars Vertrauen verloren. Statt Gewalt anzuwenden, hörte sie einfach nur zu.

Annabelle

Hier ist noch eine Geschichte, wie sich durch die Anwendung der intuitiven Kommunikation eine viel tiefere und bedeutendere Beziehung zu einem Pferd erreichen lässt. Während des Desasters, das Hurrikan Katrina anrichtete, nahm Lorraine Smith einen Hund auf, der von Louisiana zu ihrer örtlichen Tierschutzorganisation gebracht worden war. Sie nannte die Hündin Annabelle. Durch ganzheitliche Behandlung (einer Mischung aus Cranio-Sacral-Therapie, einer Rohdiät und Energieheilung) erreichte sie, dass Annabelle sich von ihrem starken Untergewicht und ihrer Gelbsucht wieder erholte. Auch die Hautausschläge heilten ab, obwohl die Veterinäre des Tierheims sicher gewesen waren, dass der Hund nicht überleben würde. Lorraine war überglücklich über den Heilerfolg, doch wie sie bald feststellen musste, hatte sie ein ernstes Problem mit Annabelle. Die Hündin hatte einen ausgeprägten Jagdinstinkt und sprang immer wieder über den Zaun, um Katzen und andere Tiere zu jagen. Lorraine war gezwungen, der Realität ins Auge zu sehen. Was für ein Leben wäre es für einen Hund, der fünfzehn oder mehr Jahre in einem Haus eingesperrt leben müsste? Sie dachte daran, Annabelle einschläfern zu lassen. Wie sie sich einredete, gab es schließlich Schlimmeres, als die Seele aus dem Körper zu befreien. Daher machte sie einen Termin beim Tierarzt, um Annabelle einschläfern zu lassen.

Vor dem Termin verbrachte Lorraine so viel Zeit wie möglich mit der Hündin. Und immer wieder erhielt sie intuitiv einen Anstoß, ihre Entscheidung noch einmal zu überdenken. Sie betete um einen winzigen Ansatz in Annabelle, mit dem sie arbeiten konnte. Schließlich setzte sie sich mit der Hündin hin und sagte mit fester Stimme: »Sieh mal, mein Kleines.

Lorraine und ihre Hunde, Jade (links) und Annabelle

Es geht um dein Leben – du musst mir also ein Zeichen geben, wenn es irgendeinen Weg gibt, wie wir das verhindern können.« Dann holte Lorraine ein paar Mal tief Luft und setzte sich still hin. Sie schloss die Augen und war offen für alles, was auftauchen könnte. Plötzlich spürte sie eine spirituelle Verbindung. Es fühlte sich so an, als würde sie mit einer sehr weisen Seele sprechen, die für Annabelle sorgte. Das Gefühl war ganz deutlich, und die Seele gab Lorraine klare Anweisungen, was zu tun war. Annabelle konnte am Leben bleiben und alles würde sich zum Guten wenden – aber nur, wenn Lorraine sich bereit erklärte, für Annabelles Sicherheit zu sorgen, sie immer zu beschützen und sie aktiv zu unterstützen. Ein Abkommen wurde gemacht. Dann suchte Lorraine so lange einen guten Hundetrainer für Annabelle, bis sie schließlich einen fand, der mit positiven Trainingsmethoden helfen konnte. Von da an wurde alles anders. Heute ist Annabelle vollkommen verändert. Sie hat sogar ihr *Canine Good Citizen Certificate* des AKC erhalten und ist sehr gut, wenn es um Behändigkeit geht. Sie nimmt gern am Gehorsamstraining teil, um anderen Hunden zu zeigen, wie es geht. Doch Lorraine darf nicht vergessen, dass Annabelle nicht unproblematisch ist und nie in eine Situation gebracht werden darf, in der sie Gefahr wittern und die falsche Entscheidung treffen könnte.

Midnight

Mit Ihrem Tier intuitiv kommunizieren zu können ermöglicht es Ihnen, Dialoge mit ihm zu führen. Das wünscht sich jeder Tierhalter.

Janice und Midnight

Der Traum wurde für Janice Camp wahr, nachdem sie eines meiner Seminare besucht hatte. Als sie wieder zu Hause war, ging sie zu ihrer Stute Midnight. Janice spürte Midnights Unruhe und fragte sie, was los sei. Sofort nahm sie eine Welle der Angst und Traurigkeit wahr. Auch wenn die Gefühle von Midnight herrührten, fing Janice an zu weinen. Sie fragte Midnight, warum sie so traurig sei. Wie Midnight sie wissen ließ, mache sie sich Sorgen, Janice würde sie abstoßen, weil sie lahme. Janice versicherte Midnight, dass sie sie für den Rest ihres Lebens behalten würde, egal was passiere. Doch wie Midnight antwortete, hatten ihre vorherigen Besitzer sie verkauft, weil sie lahm war.

Dann entwickelte sich ein kleiner Streit zwischen Janice und ihrem Pferd. Janice sagte: »Nein, Midnight, ich werde dich nie verkaufen.« Midnight entgegnete: »Doch, das wirst du!« Und Janice sagte: »Ich werde Recht behalten!« Daraufhin sah Midnight sie direkt an – und nickte einmal. So schnell, wie der Streit entbrannt war, war er auch schon wieder vorbei. Midnight scheint sich beruhigt zu haben, und weil Janice gelernt hatte, mit der Stute zu kommunizieren, kann sie immer wieder nachfragen, ob mit der Stute alles in Ordnung ist.

Ihr eigenes Rudel finden

Jetzt, da ich mir meiner Beziehungen zu Tieren bewusster bin, habe ich einen interessanten Trend festgestellt. Es scheint, als würden alle meine Tiere *mich* finden, statt dass ich *sie* finde. Das trifft vor allem dann zu, wenn ich mich auf die Suche nach einer bestimmten Tierart mache. So beschloss ich zum Beispiel eines Tages aus keinem ersichtlichen Grund, mir ein junges Kätzchen anzuschaffen. Ich habe schon immer viele Katzen gehabt und brauchte nicht noch eine. Doch mein Verlangen war größer.

Phoebe als Kätzchen

Ich dachte schon daran, ins Tierheim zu gehen, als eine meiner Teilnehmerinnen mir sagte, sie habe mehrere Kätzchen in der Scheune, und eines von ihnen habe die Zeichnung eines Stinktieres. Mehr brauchte ich nicht zu hören. Zufällig liebe ich Stinktiere, und so musste ich mir das Kätzchen unbedingt ansehen. Sobald ich einen Blick darauf geworfen hatte, musste ich sie haben. Im Grunde bin ich mir aber ziemlich sicher, dass das Ganze eigentlich Phoebes Plan gewesen war.

In der folgenden Erzählung meiner Freundin Sherry Gregory lässt sich kaum darüber streiten, dass da etwas Besonderes zugange war. Wie ich dachte Sherry daran, sich ein neues Tier zuzulegen – in ihrem Fall einen kleinen Hund. Sie wachte jeden Morgen auf und dachte an den Hund. Dann flog ihr der Name »Flower« *(Blume)* in Form eines Gedankens zu, und sie beschloss, den zukünftigen Hund

Flower zu nennen. Eines Tages nahm sie sich vor, nach dem Hund zu suchen. Sie ging die Zeitungsanzeigen durch und fand eine Terrierzucht am Ort, die Jack-Russell-Terrier anbot. Das klang gut, und so rief sie die Züchterin an und sagte, sie wolle einen langhaarigen Jack Russell und keinen anderen. Wie die Züchterin ihr sagte, hatte sie nur eine langhaarige Hündin, die nicht zu verkaufen war. Sherry sagte, sie sei an keinem anderen Terrier interessiert, doch die Züchterin überredete sie, wenigstens einmal vorbeizukommen und sich die Welpen anzusehen. Die Welpen waren zwar süß, doch während Sherry sie sich anschaute, veranlasste irgendetwas sie, sich umzudrehen. Ungefähr zehn Meter weiter weg stand ein Kleinlaster, aus dem ein kleiner Hundekopf herausragte. »Und wer ist das da?«, fragte sie die Züchterin. »Das ist Flower«, antwortete die Frau.

Sherry und Flower

Sherry sagte ihr, dass sie unbedingt diesen Hund haben wollte. Hinterher vertraute die Züchterin ihr an, dass sie schon während des Telefongesprächs mit Sherry gewusst habe, dass Sherry Flower mit nach Hause nehmen würde. Wie sich herausstellte, war Flower schwer misshandelt worden und brauchte dringend ein Zuhause, in dem sie viel Liebe bekommen würde. Jetzt gehören sie und Sherry zusammen.

Cindy Courson-Brown konnte nicht anders. Sie musste das Pferd Penny einfach kaufen. Sie warf bei einer Auktion einen Blick auf Penny und fühlte etwas, was sie noch bei keinem Menschen oder Tier je gefühlt hatte. Sie hob die Hand, um mitzubieten, und ihre Hand blieb oben, auch wenn ihr Mann sie immer wieder bat, den Preis nicht noch höher zu treiben. Doch sie ließ sich nicht überbieten. Von dem Tag an, an dem sie Penny mit nach Hause nahm, kommunizieren sie und das Pferd intuitiv ohne jede Schwierigkeiten.

Aber als Cindy an einem meiner Workshops teilnahm, war ihre Beziehung zu Penny getrübt und Cindy machte sich Sorgen um ihr Pferd. Penny schien trächtig zu sein und war ziemlich rundlich geworden. Doch der Geburtstermin war längst überschritten und es tat sich nichts. Außerdem konnte Cindy die Stimme der Stute nicht mehr hören. Penny hatte sich vollkommen abgekapselt.

Cindy und Penny

Bevor Cindy zu meinem Workshop fuhr, machte sie einen Termin mit dem Tierarzt aus, der Penny untersuchen sollte. Am Ende des Workshops wollte Cindy mich bitten, mit Penny zu sprechen und herauszufinden, was mit ihrem Fohlen war. Doch dann hörte sie auf einmal eine leise, traurige Stimme sagen: »Ich habe das Baby verloren.« Am nächsten Tag bestätigte der Tierarzt das, was Cindy intuitiv gehört hatte. Am selben Abend ging Cindy zu Penny, umarmte sie und hielt sie fest. Sie konnte Pennys Emotionen spüren. Dann versicherte sie Penny, die Tatsache, dass die Stute ihr Fohlen verloren hatte, ändere nichts an ihrer Liebe. Danach fing Penny wieder an, mit Cindy zu sprechen, und ihre enge Verbindung war wieder intakt.

Das Band knüpfen

Unabhängig davon, wie viele Tiere Sie halten, besteht das Leben mit einem Tier immer aus dem täglichen Zusammenspiel zwischen Ihnen und Ihrem tierischen Freund. Fragen Sie sich, ob Sie in jeder Minute, die Sie mit Ihrem Tier zusammen sind, die Beziehung aufbauen, die Sie sich wünschen. Falls nicht, dann hören Sie Ihrem Tierkameraden zu und nehmen Sie sich fest vor, Vertrauen, Respekt und Liebe herzustellen. Glauben Sie daran, dass es möglich ist, und verfolgen Sie dieses Ziel von ganzem Herzen. Hier sind ein paar intuitive Mittel, die Ihnen dabei helfen können.

Übung

Wünsche ausdrücken

Ein Mittel, um die angestrebte Verbundenheit zu erreichen, ist, dem Tier Ihre Wünsche mitzuteilen, während Sie fest daran glauben, dass Ihr Tier Sie vollkommen versteht. Sie können Ihre Wünsche laut aussprechen oder Ihrem Tierkameraden als Gedanken schicken.

Merilyn und Cancion

Marilyn Terry tat das eines Tages mit ihrem Paso Peruano Cancion. Marilyn reitet Cancion nicht regelmäßig, doch an einem Frühlingstag ging sie zu ihm auf die Weide. Sie wollte seine Reaktion sehen, wenn sie wieder einmal auf seinem Rücken saß. Auch wenn sie aus seinem Verhalten ersehen konnte, dass er keine Schwierigkeiten machen würde, war sie nervös, da Cancion schon eine Weile auf der Weide eingesperrt gewesen und nicht mehr geritten worden war. Während sie ihn striegelte und sattelte, sprach sie mental und laut mit ihm. Er wirkte zwar gelassen, doch wie sie wusste, konnte das bei ihm auch bloß die Ruhe vor dem Sturm bedeuten. Also sagte sie zu ihm: »Du bist ein ganz großer Junge und wiegst viel mehr als ich. Du kannst mir sehr wehtun, wenn du es darauf anlegst. Ich bin ganz allein bei dir, und es ist niemand da, der mir hilft, wenn du nicht auf mich aufpasst. Deswegen vertraue ich dir, dass du richtig gut auf mich aufpassen wirst.«

Während sie mit ihm sprach, fühlte sie sich mit ihm verbunden und wusste, dass alles in Ordnung sein würde. Intuitiv spürte sie, dass er sie verstand. Als sie sich auf ein Fass stellte, um aufs Pferd zu steigen, blieb er so still stehen, als hätte er Wurzeln geschlagen. Sobald sie im Sattel saß, wandte er den Kopf und stieß ihren Fuß mit der Nase an. Sie war zu nervös gewesen, um den Fuß in den Steigbügel zu stellen. Er rührte sich nicht, bis sie ihn dazu aufforderte, und dann ging er so langsam um die Weide herum, als wäre seine Reiterin aus zerbrechlichem Porzellan. Er tat alles, was Marilyn ihm sagte, und sie merkte, dass ihn das, was er tat, mit Stolz und Selbstvertrauen erfüllte. Für beide war es ein Augenblick der echten Verbundenheit.

Übung

Zuhören

Genauso wichtig ist es, Ihrem Tier zuzuhören. Stellen Sie dem Tier die unten aufgelisteten Fragen und achten Sie auf seine Antwort. Vergessen Sie nicht, auf die ersten Eindrücke zu hören, die Ihnen zufliegen. Schreiben Sie sie in Ihr Notizbuch. Wenn Sie nichts erhalten, raten Sie die Antworten auf die Fragen unten und notieren Sie, was Sie geraten haben. Achten Sie darauf, ob Ihr Tier sein Verhalten mit der Zeit verändert und ob diese Veränderungen Beweise sein könnten, dass das, was Sie intuitiv erhalten haben, tatsächlich richtige Informationen Ihres Tieres sind. Notieren Sie sich diese Bestätigungen.

- Was magst du an mir – und warum?
- Was nervt dich an meinen Handlungen – und warum?

- Was gefällt dir an deinem Leben – und warum?
- Was würdest du gerne ändern – und warum?
- Gibt es irgendwas, worüber du dir Sorgen machst – und warum?
- Gibt es irgendwas, das du brauchst – und warum?

Übung

Den gemeinsamen Lebenssinn herausfinden

Sie können die Beziehung zu Ihrem Tier noch vertiefen, wenn Sie ihm die unten stehenden Fragen stellen. Vergessen Sie nicht, auf die ersten Eindrücke zu hören, die Ihnen kommen. Tragen Sie sie in Ihr Notizbuch ein. Falls Sie nichts erhalten, zwingen Sie sich dazu, die Antwort auf jede der Fragen zu erraten. Notieren Sie diese geratenen Antworten.

- Was ist deine Aufgabe in meinem Leben?
- Was bringst du mir bei?
- Was ist meine Aufgabe in deinem Leben?
- Was bringe ich dir bei?

4

Eine Oase des Friedens aufbauen

Ihr Zuhause sollte eine Oase des Friedens und der Behaglichkeit sein. Wenn Mitglieder Ihres Haushalts nicht friedlich miteinander auskommen – egal ob Menschen oder Tiere –, entsteht ein ständiger unangenehmer Stress, der die Gesundheit und das Wohlbefinden aller beeinträchtigen kann. Mit Hilfe von intuitiven Methoden lassen sich Konflikte lösen und die friedliche Oase schaffen, die wir uns zu Hause wünschen.

Hier ist ein Beispiel, wie das funktionieren kann. Eines Tages überredete mich meine Pferdepflegerin Tiffany Ashcraft, noch ein Pferd zu retten. Drei hatte ich schon gerettet. Mackey war ein Paint. Eines seiner schönen blauen Augen war einem Krebsgeschwür zum Opfer gefallen. Tiffany rettete Mackey aus einem schlammigen Außengehege, in dem er ganz allein untergebracht war. Sie hatte ihn erst einmal bei ihren eigenen Pferden untergebracht, doch sie konnte ihn nicht behalten. Ich befürchtete, meine Pferde würden Mackey nicht annehmen und könnten ihn auf seiner blinden Seite angreifen. Auch hatte ich Angst, dass Mackey depressiv werden würde, weil er sich mit einem von Tiffanys Pferden angefreundet hatte und seinen neuen Freund nun verlassen musste. Als Leute mit Erfahrung mir sagten, es könnte einen Monat oder länger dauern, bis meine Pferde ein neues Pferd akzeptieren würden, beunruhigte mich das noch mehr. Ich wollte Mackey so viele Tage der Einsamkeit und des Stresses ersparen. Daher beschloss ich, dass es nicht so laufen würde.

Als Erstes blieb ich positiv und ruhig. Unabhängig davon, was jeder mir gesagt hatte, war ich fest entschlossen, das Beste zu erwarten. Ich stellte mir vor, dass mein Pferd Liam, der Anführer der Herde, nett zu Mackey sein würde, und dass mein anderer Wallach Rio Mackeys bester Freund werden würde. All das visualisierte ich und ließ das Gefühl auf mich einwirken, wie toll es wäre, wenn sich die Dinge so entwickelten. Dann sprach ich mit all meinen Pferden. Ich sagte ihnen, was ich vorhatte, erklärte ihnen, dass Mackey auf einem Auge blind sei, und bat sie, ihn zu akzeptieren und zu beschützen. Ich bat vor allem Liam, nett zu Mackey zu sein. Ich stellte mir vor, was ich von ihnen wollte und welches Verhalten ich mir von ihnen wünschte, und schickte ihnen meine Bilder.

Liam, Isabelle und Rio (Mackey kaum sichtbar im Hintergrund)

Als wir Mackey holten, trennte ich ihn für einen Tag von den anderen Pferden. Und als wir ihn der Herde vorstellten, jagte Rio Mackey weg, doch Liam ließ ihn in Ruhe. Ich lobte Liam dafür, so nett und gelassen zu bleiben, wie ich ihn gebeten hatte. Nach vier Tagen arbeitete sich Mackey an den Rand der Herde vor und konnte schon ungestört Heu fressen. Da versprach ich den Pferden, auf den Gang der Scheune zu dürfen, wo sie sich tagsüber gern aufhielten, wenn sie Mackey in die Herde aufnähmen. Jedes Mal, wenn Mackey weggejagt wurde, erinnerte ich die anderen daran, dass sie ihr gewohntes Leben wieder aufnehmen könnten, sobald sie Mackey akzeptiert hätten. Am Ende der Woche – statt nach einem Monat, wie man mir vorausgesagt hatte – konnte ich das Tor zum Scheunengang öffnen, und alle vier Pferde standen ohne einen unerfreulichen

Vorfall in der Scheune. Nach der zweiten Woche war Mackey fast vollständig in die Herde integriert. Er spielte schon mit Rio und war offensichtlich glücklich über sein neues Leben.

Intuitive Techniken zur Erschaffung einer friedlichen Oase

Die intuitiven Techniken, die ich angewandt habe, um Mackey in die Herde einzuführen, sind unten detailliert beschrieben. Diese Techniken reichen oftmals schon, um Harmonie unter Tieren herzustellen. Doch manche Situationen lassen sich am besten durch eine Kombination intuitiver Techniken und Training oder anderer Methoden meistern. Jede Situation erfordert verschiedene Strategien. Ein Hund, der schon gebissen wurde und anderen Hunden gegenüber Angst und Aggressionen entwickelt hat, braucht vermutlich eine Kombination aus verschiedenen Strategien. Während Sie sich die folgenden intuitiven Techniken durchlesen, sollten Sie nicht vergessen, dass Ihr Tier all Ihre Worte, Gedanken und Gefühle wahrnehmen und verstehen kann.

Eine ruhige und positive Haltung einnehmen

Wie Sie sich fühlen, hat starken Einfluss darauf, wie Ihr Tier sich verhält. Wenn Sie ein neues Tier nach Hause holen oder versuchen, zwei Streithammel dazu zu bringen, friedlicher miteinander umzugehen, müssen Sie daran glauben, dass die Sache gut ausgehen wird. Sie müssen selbst ein friedliches, gelassenes Gefühl entwickeln und das auf die Situation projizieren. Die unten genannten Techniken können Ihnen helfen, die erwünschte Veränderung dauerhaft herbeizuführen:

1. Bewusst atmen – Wenn Sie merken, dass Sie anfangen, sich Sorgen zu machen und negative Erwartungen zu haben, dann konzentrieren Sie sich auf Ihr Atmen und das Loslassen der Anspannungen, Sorgen oder negativen Gedanken. Atmen Sie ein. Entspannen Sie dann beim Ausatmen alle Stellen Ihres Körpers, die angespannt sind. Fahren Sie ein paar Minuten lang damit fort, bis Sie sich ruhiger fühlen.
2. Negative Gedanken löschen – Wenn Sie sich negativer Gedanken über Ihre Tiere bewusst werden, also zum Beispiel die Befürchtung, dass sie sich raufen oder verletzen werden, dann geben Sie sich mental den Befehl, diesen Gedanken zu streichen.
3. Negative Gedanken durch einen positiven Satz ersetzen – Ersetzen Sie Ihre negativen Gedanken durch einen positiven Satz, den Sie so oft Sie wollen wiederholen können. Sie können sich zum Beispiel sagen: »Alles verläuft friedlich und glatt.« Wiederholen Sie Ihre Affirmation tagsüber immer dann, wenn Sie an Ihre Tiere denken. Fokussieren Sie Ihre Gedanken auf ein positives Resultat.

Erklären und Fragen

Erklären Sie Ihrem Tier, was Sie von ihm erwarten und welches Verhalten Sie sich von ihm wünschen. Seien Sie so spezifisch und detailliert wie möglich. Erklären Sie ihm dabei auch, wie Sie sich fühlen und warum Sie es um diese Dinge bitten. Kurz und gut: Reden Sie mit ihm über die Situation, so wie Sie mit Freunden oder Verwandten darüber sprechen würden. Das können Sie entweder laut tun oder ihm die Informationen gedanklich senden.

Mentale Filme zeigen

Tiere können mental die Bilder »sehen«, die wir uns vorstellen. Wenn Sie ein bestimmtes Verhalten Ihres Tieres erreichen möchten, dann zeigen Sie ihm dieses Verhalten in Form von geistigen Bildern. Drehen Sie sozusagen mental einen Film, der Ihrem Tier das zeigt, was Sie sich wünschen – was Sie sich erhoffen. Gestalten Sie diesen Film so real und detailliert wie möglich. Erfreuen Sie sich an dem Film und stellen Sie sich vor, wie toll es wäre, wenn er tatsächlich wahr würde. Spielen Sie in Ihrem mentalen Film mit und tun Sie so, als würden Sie das, was Sie sich vorstellen, schon erleben. Die Vorstellung so real wie möglich zu machen lässt sie sich wirklich umsetzen. Ihr Tier wird beim »Filmen« mit Ihnen zuschauen und mitfühlen. Achten Sie darauf, dass die Szenen immer positiv sind und sich gut anfühlen, während Sie sich das Ganze vorstellen.

Erinnern und Fehler vermeiden

Erinnern Sie Ihr Tier daran, indem Sie ihm laut sagen, was Sie von ihm wollen. Ich habe zum Beispiel mein Pferd Liam daran erinnert, dass ich von ihm erwartet habe, ein guter und liebevoller Leithengst zu sein, zu Mackey fair zu sein und sich bewusst zu machen, dass Mackey auf einer Seite nicht sehen kann. Aber zuerst habe ich auch alle Pferde vom Scheunengang ferngehalten, um zu verhindern, dass sie sich eingeengt fühlten und das an Mackey auslassen könnten. Dadurch haben meine Pferde keinen Fehler gemacht, während sie ein neues Tier in einem begrenzten Raum in ihre Herde aufnahmen. Achten Sie auf alle Umstände, die unnötige Konflikte hervorrufen könnten, und beseitigen Sie sie – zumindest für eine gewisse Zeit.

Eine Belohnung anbieten

Als Belohnung stellte ich meinen Pferden in Aussicht, wieder Zugang zum Scheunengang zu erhalten. Vor allem Liam hält sich im Sommer gern in der Scheune auf, um der Hitze und den Fliegen zu entgehen. Indem ich den Pferden den Zutritt zur Scheune verwehrte, nahm ich ihnen einen begehrten Aufenthaltsraum weg. Ich erinnerte Liam immer wieder daran, dass er und seine Herde umso schneller wieder in die Scheune zurückdürften, je schneller sie Mackey aufnahmen und gut behandelten.

Auszeit geben

Als ich Mackey in die Herde einführte, griff mein Araber Rio ihn immer wieder an – rein aus Prinzip, wie es aussah. Ich befürchtete, Rio könnte eifersüchtig auf ihn sein. Deswegen nahm ich Rio ein paar Mal beiseite und sprach mit ihm über die Situation. Wie ich ihm erklärte, war Mackey genau wie er ein gerettetes Pferd, das kein gutes Zuhause gehabt hatte und dringend eins brauchte. Ich bat Rio, Verständnis für Mackey zu zeigen und ihn wenigstens zu tolerieren. Immer wenn Rio besonders gemein zu Mackey war, nahm ich ihn nach dem Gespräch für eine kurze Auszeit aus der Herde heraus, damit er darüber nachdachte, wie er sein Verhalten ändern könnte.

Bei Erfolgen Komplimente machen

Wir alle hören gern, wenn wir etwas gut gemacht haben. Das geht auch Tieren nicht anders. Wenn Sie die geringste Verbesserung oder Kooperation feststellen, ist es ganz wichtig, Ihr Tier ausgiebig zu loben. Ich gebe auch gern großzügige Belohnungen für wirklich deutliche Fortschritte. Vergessen Sie jedoch nicht, Ihren Tieren genau mitzuteilen, wofür sie die vielen Karotten oder Hundekuchen bekommen.

Eine weitere Fallstudie

Karen Berke schilderte mir, wie intuitive Kommunikation die Harmonie unter ihren fünf Katzen verbessern half. Karen nimmt regelmäßig an meinen Übungsgruppen teil. Während einer Sitzung bat sie die Gruppe, mit ihren Katzen zu kommunizieren, die schon seit jeher nicht miteinander auskamen. Die Hauptursache war Bootsie, ein schwarzweißer Kater. Er ärgerte gern die anderen Katzen, insbesondere den graugestreiften Kater Sparkey. Bootsie verjagte Sparkey immer wieder erbarmungslos, und immer wenn Bootsie in der Nähe war, war Sparkey äußerst vorsichtig. Alle Teilnehmer der Übungsgruppe sprachen mit beiden Katern. Sie machten den Katern Vorschläge, wie sie ihre Beziehung zueinander verbessern könnten, und ermutigten sie dazu.

Nach der Sitzung schickte Karen mir eine E-Mail. Wie sie berichtete, war Sparkey bei ihrer Rückkehr in die Küche gekommen, um sie zu begrüßen. Bootsie folgte ihm in die Küche. Das war noch nie passiert. Bisher hatte Sparkey einen Raum nicht betreten, solange Bootsie in der Nähe der Tür war, und zeigte sich erst, wenn die Luft rein war. Als sie später am selben Abend fernsah, sprang Bootsie zu ihr auf die Couch und legte sich neben sie. Dann folgte ihm ihr Kater Snoopy. Und dann tauchte zu ihrer großen Überraschung Sparkey im Wohnzimmer auf. Er sah sie an, und sie sagte ihm, dass er auf die Couch kommen könnte. Da sprang auch er hinauf und legte sich neben sie. Auch das war etwas, was sie noch nie erlebt hatte.

Übung
Eine friedliche Oase schaffen

Unten finden Sie eine Zusammenfassung der intuitiven Techniken, mit deren Hilfe Sie eine friedliche Oase schaffen können.

- Haben Sie die positive Einstellung, dass der Konflikt lösbar ist. Streichen Sie alle negativen Gedanken und ersetzen Sie sie durch positive Gedanken.
- Sprechen Sie ausführlich mit Ihren Tieren über die Probleme und Ihre Gefühle. Bitten Sie sie dann, sich so zu verhalten, wie Sie es sich wünschen.
- Senden Sie ihnen mentale Filme, die zeigen, was Sie sich wünschen.
- Erwarten Sie das Beste.
- Erinnern Sie Ihre Tiere an das, was sie tun müssen, und arrangieren Sie alles so, dass Misserfolge ausgeschlossen werden.
- Wenn nötig, verhandeln Sie und bieten Sie Belohnungen an.
- Geben Sie einem Tier Auszeiten und ermahnen Sie es bei schlechtem Benehmen.
- Teilen Sie Komplimente und Belohnungen für Fortschritte aus.
- Probieren Sie andere ergänzende Techniken aus (siehe Quellenverzeichnis).

Notieren Sie Ihre Handlungen wie immer in Ihrem Notizbuch. Überprüfen Sie alle Eindrücke, die Sie empfangen, und alle Veränderungen, die sich ergeben. Wenn Ihr Tier Ihre Bitte erfüllt, dann danken Sie ihm und loben Sie es.

Andere Techniken, um für Frieden zu sorgen

Es gibt noch weitere Techniken, um Konflikte anzugehen und Tiere zu ermutigen, miteinander friedlich umzugehen. Hierzu eignen sich Tiertrainingsmethoden wie das Clickertraining[1], die die Anwendung von Gewalt und Bestrafung vermeiden. Im Quellenverzeichnis findet sich eine ausführliche Beschreibung dieser Techniken.

Hier ein paar Methoden, die ich ausprobiert habe und weiterempfehlen kann:

- Kräuter: Vor kurzem habe ich eine neue Katze nach Hause gebracht und meinen Katzen vorgestellt. Dafür wandte ich sämtliche intuitiven Techniken an, die ich kenne, doch um die Chancen noch zu erhöhen, testete ich einen Vorschlag, den ich im Internet gefunden hatte: Ich rieb alle Katzen mit Katzenminze ein, bevor ich die Neue einführte. Ich weiß zwar nicht, ob das ausschlaggebend war, da ich alles Mögliche gleichzeitig versucht habe – aber diesmal hatte ich überhaupt keine Schwierigkeiten, die neue Katze in meinen Haushalt zu integrieren.
- Verhaltenstricks: Ein paar andere Ideen, die ich online entdeckt habe, waren, die Schlafdecken und Näpfe zu vertauschen, während ich die Katzen getrennt hielt. So konnten sie sich an den Geruch der anderen gewöhnen und sich durch ein Gitter oder eine Glastür sehen, bevor die Neue offiziell vorgestellt wurde. Diese Techniken haben wunderbar funktioniert.
- Blütenessenzen: Essenzen wurden zwar für Menschen entwickelt, doch man wendet sie mittlerweile auch auf Tiere an. Essenzen sprechen die Emotionen an und üben eine subtile, doch erkennbare Wirkung aus.

- Ganzheitliche Heilmethoden: Egal um welches Problem es sich handelt – wenn Sie Ihr Tier auf die ideale ganzheitliche Ernährung und Gesundheitspflege umstellen, verbessern sich Einstellung und Verhalten des Tieres automatisch. Ein ganzheitlicher Tierarzt kann Akupunktur, Homöopathie und Chiropraktik anwenden, was das Wohlbefinden des Tieres steigert und dadurch auch sein Verhalten verbessert.
- Energieheilung: Es gibt viele Formen von Heilung durch Energie, doch alle basieren auf der Vorstellung, dass unser Körper aus Energie besteht, und dass wir gesund und entspannt sind, wenn die Energie ungehindert fließt. Energieheilung kann bei Spannungen unter Tieren helfen und ein Tier dabei unterstützen, sich von negativen Emotionen aus seiner Vergangenheit zu lösen.
- Massage: Es gibt viele Formen der Massage und Körperarbeit, die bei Tieren angewendet werden können, um das Körpergleichgewicht wiederherzustellen und das Tier ruhiger, entspannter und glücklicher zu machen.

Ein neues Tier aussuchen

Sie können intuitive Methoden anwenden, um den Charakter eines Tieres herauszufinden und ob es sich für Ihren Haushalt eignet. Dadurch lässt sich auch ein Gefühl dafür bekommen, ob das Tier mit anderen Tieren auskommt und von ihnen akzeptiert wird, oder ob ein anderes Tier in Bezug auf Geschlecht, Alter oder Persönlichkeit passender wäre.

Die professionelle Tierkommunikatorin Gerrie Huijts wendet die folgende Technik an, um herauszufinden, ob ein neues Tier sich für ihre Klienten eignet. Gerrie erhält regelmäßig Anfragen von Leuten, die bei der Auswahl eines neuen Hundes, einer Katze oder eines Pferdes ihre Hilfe benötigen. Neben den offensichtlichen emotionalen Folgen, die sich aus einer falschen Entscheidung ergeben, kann auch viel Geld eine Rolle spielen – vor allem, wenn man ein unbekanntes Pferd kauft. Um zu sehen, ob das neue Tier zu seinem neuen Zuhause passt, fordert Gerrie ihre Klienten auf, einen Brief an das neue Tier zu schreiben.

Gerri und ihr Hund Niki

In dem Brief zählt der Klient auf, was vom Tier erwartet wird und was das Tier erwarten kann. Sie ermutigt die Klienten, ihre Erwartungen in Hinsicht auf Charakter, Vorlieben, Abneigungen, Pflege, Stammbaum und Beziehungen zu den anderen Tieren im Haushalt in den Brief einzubringen. Dann liest sie dem Tier den Brief vor und fragt es, was es von seinem zukünftigen Zuhause und Halter erwartet. Daraus kann sie erschließen, ob die geplante Aufnahme eines Tieres passen wird, und ob das Tier mit dem Menschen leben will – oder nicht und warum nicht.

Mit einem fremden Tier sprechen

Wenn Sie anhand von intuitiver Kommunikation ein Tier einschätzen wollen, das Sie gern aufnehmen würden, müssen Sie lernen, mit fremden Tieren zu sprechen. Mit einem Tier zu kommunizieren, das Sie nicht kennen, ist im Grunde dasselbe, wie mit Ihren eigenen Tieren zu sprechen. Sie können ihm genauso Ihre Liebe schicken, anfangen zu reden und dann auf jeden Eindruck achten, den Sie wahrnehmen. Doch wenn Sie sich einem völlig fremden Tier vorstellen, könnte es einfacher werden, wenn Sie erst ein wenig Zeit mit ihm verbringen, um sich auf das Tier einzustellen und eine Verbindung zu ihm herzustellen, bevor Sie mit der intuitiven Kommunikation beginnen.

Das erreichen Sie mit den folgenden Techniken:

Entspannen Sie sich zuerst durch bewusstes Atmen und schalten Sie alle Gedanken an andere Dinge aus. Atmen und entspannen Sie sich so lange, bis Sie merken, dass Sie völlig entspannt sind. Öffnen Sie sich dann Ihrer Intuition. Seien Sie offen für alle Wege, auf denen intuitive Wahrnehmungen eintreten können: Sehen, Hören, Fühlen, Wissen, Riechen und Schmecken. Stellen Sie sich auf den Erfolg ein, indem Sie einen Satz wie zum Beispiel »Darin bin ich echt gut« sagen.

Stellen Sie sich das Tier vor. Dazu müssen Sie das Tier nicht in Person vor sich haben. Sie können sich auch durch eine Beschreibung oder ein Foto ein Bild von dem Tier machen. Konzentrieren Sie sich auf ein mentales Bild des Tieres und lenken Sie Ihre Aufmerksamkeit nach innen. Bevor Sie anfangen zu sprechen, notieren Sie sich die ersten Eindrücke, die Sie über das Tier erhalten. Suchen Sie nach sämtlichen Wahrnehmungen, die in Ihr Bewusstsein strömen – egal, ob sie offensichtlich, eingebildet, ungenau, albern oder dumm wirken. Notieren Sie jedes einzelne Detail, das Ihnen einfällt, bis Sie keine weiteren Informationen mehr finden.

Wenn Sie diese ersten Eindrücke gesammelt haben, stellen Sie sich in der Gegenwart des Tieres vor. Stellen Sie sich vor, das Tier würde direkt vor Ihnen stehen. Stellen Sie sich dem Tier vor, erklären Sie ihm, was Sie tun, und bitten Sie es um seine Hilfe. Wenn Sie das Gefühl haben, es ist in Ordnung, weiterzumachen – das heißt, wenn das Tier entweder neutral oder interessiert und positiv wirkt –, dann machen Sie weiter. Falls das Tier unruhig oder ängstlich wirkt, sollten Sie noch detaillierter erklären, was Sie vorhaben. Fragen Sie, warum das Tier beunruhigt ist, und erforschen Sie, ob Sie das Problem lösen können. Wenn nicht, dann bedanken Sie sich bei dem Tier und lösen Sie das Gespräch auf. Sie können später noch einmal versuchen, mit dem Tier erneut Verbindung aufzunehmen.

Wenn das Tier bereitwillig mit Ihnen kommuniziert, visualisieren Sie sich und das Tier in einer bestimmten Umgebung Ihrer Wahl. Falls sich das für Sie und das Tier gut anfühlt, können Sie mit dem Tier so umgehen, als wären Sie zusammen dort. Streicheln Sie das Tier oder geben Sie ihm ein Leckerchen. Falls Sie möchten, können Sie mit dem Tier sogar in ein imaginäres Abenteuer starten. Wenn Sie beide vollkommen entspannt sind, können Sie anfangen, dem Tier Ihre Fragen zu stellen und einen Dialog zustande kommen lassen. Es macht nichts, wenn Sie deutsch sprechen und das Tier, mit dem Sie kommunizieren, bisher nur mit Menschen zusammen war, die eine andere Sprache sprechen. Die intuitive Kommunikation ist die universale Sprache. Deswegen wird jeder Sinn sofort von und in alle Sprachen übersetzt. Wenn Sie mit dem Gespräch fertig sind, vergessen Sie nicht, dem Tier dafür zu danken.

Übung

Ein neues Tier aussuchen

Das Folgende ist eine Zusammenfassung des Prozesses, wenn man mit einem fremden Tier spricht. Falls Sie ein neues Tier aufnehmen wollen, sollten Sie diese Übung ausprobieren. So interviewt man das Tier intuitiv, bevor man sich entscheidet, ob man es adoptieren wird oder nicht:

- Finden Sie zuerst den Namen, das Alter und die Beschreibung des Tieres heraus (Sie können dafür persönlich oder aus der Ferne mit dem Tier arbeiten).
- Atmen Sie bewusst und entspannen Sie sich. Öffnen Sie sich für alle intuitiven Eindrücke, ob Geräusch, Gedan-

ke, Gefühl, Ahnung, Bild, Geruch und/oder Geschmack.

- Schließen Sie die Augen, konzentrieren Sie sich auf das Tier und notieren Sie alle ersten Wahrnehmungen.
- Jetzt visualisieren Sie, mit dem Tier zusammen zu sein. Stellen Sie sich ihm vor, erklären Sie, was Sie tun wollen, und vergewissern Sie sich, dass es in Ordnung ist, weiterzumachen.
- Wenn es für das Tier in Ordnung ist, dann stellen Sie sich das aktive Zusammensein mit dem Tier vor. Streicheln Sie es und unternehmen Sie gemeinsam sogar ein Abenteuer!
- Nun können Sie dem Tier Ihre Fragen stellen. Fragen Sie es zum Beispiel, ob es sich vorstellen kann, bei Ihnen zu leben, und schreiben Sie die Ergebnisse auf.
- Wenn Sie noch andere Tiere haben, dann stellen Sie sich alle Tiere zusammen vor und achten Sie darauf, was Ihre Wahrnehmungen Ihnen über die potenziellen Gefühle der Tiere untereinander und das mögliche Zusammensein der Tiere verraten. Notieren Sie die Ergebnisse.
- Stellen Sie alle anderen Fragen, die Sie noch an das Tier haben, und schreiben Sie die Ergebnisse auf.
- Wenn Sie fertig sind, vergessen Sie nicht, sich bei dem Tier zu bedanken.

Ein neues Tier in die Familie aufnehmen

Wie ich ein neues Pferd in meine bestehende Herde einführte, habe ich schon geschildert. Hier sind zwei weitere Fallstudien, bei denen neue Tiere in einen Haushalt mit anderen Tieren aufgenommen wurden.

Vor ein paar Jahren entdeckte Irene Bras, die in Holland lebt und beruflich Tierkommunikation praktiziert, das Foto eines kleinen traumatisierten Hundes namens Deva im Internet. Die Hündin war von einer Tierschutzorganisation vor dem Tod gerettet worden und nun in einer Pflegefamilie in den Niederlanden untergebracht. Als Irene den Hund sah, spürte sie sofort ein emotionales Band. Doch sie musste auch an ihre eigenen Tiere denken. Was würden sie von einem neuen Familienmitglied halten? Sie stellte Deva intuitiv ihren Tieren vor und sie besprachen die Situation. Alle waren einverstanden, und so wurde Deva aufgenommen. Wie Irene berichtete, fühlte sich Deva von Anfang an bei ihr zu Hause und wurde von den anderen Tieren rundum akzeptiert. Auch Melina Wakefield wandte intuitive Techniken an, um einen neuen Hund in ihren Haushalt einzuführen. Die Schwierigkeit an der Sache war, dass sie zwei erwachsene Chow-Chow-Rüden zusammenbrachte. Chows können anderen Hunden gegenüber sehr aggressiv sein, und sicher hätte jeder vernünftige Hundetrainer ihr davon abgeraten. Melina hatte schon den Chow-Chow Shambo. Den zweiten Chow-Rüden lernte sie in der Übungsgruppe kennen, die ich im Tierheim an ihrem Ort leitete. Sie fühlte sich sehr zu dem hellblonden Chow, der an ein gutes Zuhause vermittelt werden sollte, hingezogen und wollte ihn mitnehmen.

Zuerst wandte sie ihre intuitive Kommunikationsfähigkeit an, um die Situation zu prüfen. Sie sagte dem Hund, dass er sich mit Shambo vertragen müsse, und fragte ihn, ob er für immer mit ihr nach Hause kommen wollte. Wie sie berichtete, spürte sie eine Welle der Wärme, die von ihm ausging, und hörte ihn fragen: »Jetzt gleich? Können wir gleich nach Hause gehen?« Dann schickte er ihr ein visuelles Bild, wie er und Shambo vereint zwischen den Rotholzbäumen umherstöberten. Auch sagte er Melina, dass sein Name Bear sei. Melina füllte das Formular aus, doch es war an diesem Tag schon zu spät, um ihn mit nach Hause zu nehmen und Shambo vorzustellen. Deswegen ließ sie Bear wissen, dass sie am nächsten Morgen wiederkommen werde. Melina ging nach Hause und sprach mit Shambo über Bear. Er sagte ihr, er sei zwar nicht gerade begeistert über die Vorstellung, doch bereit, Bear kennenzulernen und einen Versuch zu wagen. Sie versicherte Shambo, dass er immer die Nummer Eins bleiben werde. Am nächsten Tag fuhr sie mit Shambo zu Bear. In Gedanken erklärte sie beiden Hunden, was sie von ihnen erwartete und dass sie sich freuen würde, wenn beide einander als Teil des Rudels respektieren würden. Unter den Augen eines sehr nervösen Tierheimpflegers standen sich die beiden kräftigen Rüden zum ersten Mal gegenüber. Sie beschnüffelten sich und gerieten sich nicht in die Wolle. Also durfte Bear mit nach Hause kommen. Melina erinnerte ihn daran, dass Shambo immer die Nummer Eins bleiben werde, und ermahnte ihn, Shambo und dessen Futternapf zu respektieren. Mental zeigte sie Bear ihre Alltagsroutine und was sie von ihm erwartete. Bear gewöhnte sich in ihren Haushalt ein, als hätte er schon immer zur Familie gehört, und die Hunde vertrugen sich von Anfang an.

Tier-Mensch-Konflikte

Wie die nächste Geschichte zeigt, lassen sich die oben beschriebenen Techniken auch anwenden, um Konflikte zwischen Mensch und Tier zu beheben. Nachdem Triny Fischers Hündin Nora starb, beschloss sie, einen Hund zu adoptieren. Triny und ihr Mann suchten sich Duke aus – einen vierzehnjährigen Schäferhund mit Hüftdysplasie (HD). Duke hatte zwei Jahre in einer Pflegefamilie verbracht, und Triny und ihr Mann nahmen ihn auf, weil ihnen klar war, dass es sonst niemand tun würde.

Ungefähr vier Tage nach Dukes Ankunft biss der Hund zum ersten Mal zu. Trinys Mann, der groß ist und eine laute Stimme hat, kam in die Küche, als Triny am Kochen war, und bückte sich, um Duke einen Kuss zu geben. Duke biss ihn sofort ins Gesicht. Seine neuen

Besitzer waren geschockt. Wie konnte der sonst so süße Hund so etwas tun? Die darauf folgenden Tage wurden sehr stressig. Trinys Mann war wütend und hatte Angst vor dem Hund. Duke war ein Nervenbündel und Triny fühlte sich für die schlimme Situation verantwortlich. Sie verbannte Duke sofort aus der Küche, doch als ihr Mann den Hund erziehen wollte, versuchte Duke erneut, ihn zu beißen. Darauf folgten viele erhitzte Streits. Triny rief mich voller Verzweiflung an. Als ich intuitiv Verbindung zu Duke aufnahm, sagte er mir, dass er nie genug Futter bekommen hatte und von einem lauten, aggressiven Alkoholiker geschlagen worden war. Wie Duke mir erklärte, hatte er gelernt, sich durch Beißen zu schützen. Mittlerweile war es schon zu einer automatischen Reaktion geworden.

Ich empfahl Triny, gewaltfreie Trainingstechniken anzuwenden, um Dukes Nervosität abzubauen. Auch schlug ich ihr vor, mit einem ganzheitlichen Tierarzt zusammenzuarbeiten und verschiedene Methoden wie Kräuterbehandlungen, Massagen, natürliche Ernährung, Energieheilung und Blütenessenzen auszuprobieren. Am wichtigsten war, dass ihr Mann leise sprach und ruhig blieb, und dass er mit Duke über die Situation redete. Ich riet ihm, Duke zu erklären, was er empfinde und vorhabe, Duke zu bestätigen, dass er bei ihm in Sicherheit sei, und sich mit Duke darüber zu unterhalten, was er sich von ihrer möglichen Beziehung erhoffe und erträume. Widerstrebend erklärte ihr Mann sich bereit, alles zu versuchen und mit Duke eine Hundeschule zu besuchen. Nach acht Monaten war Duke wie verwandelt. Wie Triny mir sagt, sieht sie, dass er sein früheres Trauma überwindet und dass er sich erstaunlich verändert hat. Duke und ihr Mann kommen gut miteinander aus, und Duke ist heute in der ganzen Nachbarschaft beliebt.

5

Tiertraining mit Intuition

Meine Pferdetrainerin Kelly Michalec erzählte mir von einer Stute, bei deren Training sie mithelfen sollte. Die Stute war ein Ausstellungspferd, das immer im Stall gehalten worden war. Ihre neuen Besitzer waren besorgt, die Stute mit anderen Pferden zusammenzubringen. Wenn sie ihr die Trense anlegen oder sich sonst wie mit ihr befassen wollten, mussten sie eine Peitsche anwenden, da die Stute sich sonst mit zurückgelegten Ohren und gefletschten Zähnen auf die Leute stürzte. Kelly begann mit dem Training, indem sie außer Reichweite vor dem Stall stand und stundenlang ein Buch las. Sie sprach dabei laut mit der Stute und ließ sie wissen, dass sie vor dem Stall stehen bleiben und nicht hereinkommen werde, solange die Stute nicht aufhöre, sie anzugreifen.

Während der ersten Sitzung versuchte die Stute, sich immer wieder auf Kelly zu stürzen, die vor dem Stall ihr Buch las und das aufgebrachte Pferd einfach ignorierte. Kelly kam ein zweites Mal in die Scheune, und wieder blieb sie vor dem Stall der Stute stehen und sagte ihr dasselbe. Diesmal hörte die Stute ziemlich schnell mit ihren Angriffsversuchen auf. Stattdessen verharrte sie auf der anderen Seite des Stalls und reagierte auf jede Bewegung, die Kelly machte. Doch jetzt waren die Ohren des Tieres auf Kelly gerichtet und es schien sich für seinen Gast zu interessieren. Während der dritten Sitzung blieb Kelly wieder mit ihrem Buch vor dem Stall stehen. Sie sagte dem Pferd, wenn es sich anständig verhalte, würde sie in den

Stall kommen und es besuchen. Die Stute wirkte diesmal ruhig und aufmerksam; sie kam auch gleich ans Stalltor. Als Kelly es öffnete, kam die Stute zutraulich zu ihr, senkte den Kopf und wieherte. Dann stupste sie Kelly mit der Nase in den Bauch. Damals war Kelly seit wenigen Monaten schwanger.

Danach war die Stute leicht zu führen und konnte draußen bei den anderen Stuten untergebracht werden. Heute geht es ihr gut. Sie hat sich in die Herde integriert und führt ein natürliches Leben. Einmal versuchte sie jedoch, einer anderen Stute ihr Fohlen wegzunehmen. Die meisten Pferdetrainer – darunter auch solche, die sanfte Trainingsmethoden anwenden – hätten irgendeine Form von Gewalt angewendet, um die Stute zu erziehen. Kelly hingegen übernahm eine gewaltlose Führungsrolle und erklärte der Stute intuitiv, was sie von ihr wollte. Tiere möchten einfach harmonisch mit uns leben und das tun, worum wir sie bitten, solange es in einem vernünftigen Rahmen bleibt. Der Trick an der Sache ist, das zu erreichen.

Erst zuhören, dann erziehen

Die meisten Tierausbildungspraktiken, die in unserer Gesellschaft als gut und normal angesehen werden, lassen die Sicht des Tieres vollkommen außer Acht. Tiere sollten sich aktiv an ihrem Training beteiligen dürfen und ein Mitspracherecht haben. Laut Kelly sollte das wahre Trainingsziel sein, Tiere dazu zu bekommen, etwas zu tun, weil sie es selbst wollen und beschließen, und nicht, weil wir es ihnen aufzwingen. Stattdessen steigern sich die Leute meistens so in irgendein Programm oder eine Zielvorgabe hinein – wie zum Beispiel, den nächsten Titel in einer Hundeausstellung zu gewinnen – oder haben solche Angst, sich zu verletzen, dass sie es versäumen, ihrem Tier zuzuhören. Und dann erhalte ich die Anrufe über den Hund, der sich weigert, in den Showring zu gehen, oder über das Pferd, das angeblich durchdreht.

Wenn Sie nicht länger von Ihrem Tier erwarten, dass es Ihnen zuhören soll, und Sie stattdessen Ihrem Tier zuhören und es lieben, werden Sie auch die Dynamik ändern. Die Anweisungen und Übungen für intuitives Zuhören, die Sie in Kapitel 2 finden, werden Sie dabei unterstützen, ein Experte im Zuhören von Tieren zu werden. Täglich mit Ihren Tieren zu sprechen, so als würden sie Sie völlig verstehen, verändert die Ausgangslage: Alle werden gleichberechtigt. Wenn Sie laut mit Ihren Tieren sprechen, werden Sie auch entspannter atmen und in der Gegenwart bleiben, so dass Ihre Körpersprache, die von Ihren Tieren professionell verstanden wird, zu Ihren Worten passt.

Tiffany Ashcraft, die mich davon überzeugte, Mackey aufzunehmen, ist eine Naturhuf- oder Barhuf-Pflegerin[1]. Sie legt Pferden keine Hufeisen an und wendet stattdessen eine Methode an, bei der die Hufe so getrimmt werden, dass sie den Hufen von Wildpferden ähneln. Diese Methode ist noch ziemlich unbekannt, da sie neu ist; sie gehört jedoch zur natürlichen ganzheitlichen Pferdepflege, die immer beliebter wird. Wenn die Hufe richtig getrimmt werden, ist das für die Pferde bequemer, verhindert das Lahmen und fördert ihre Gesundheit und ihr allgemeines Wohlbefinden. Die Hufe sollten ungefähr alle sechs Wochen getrimmt werden – so oft, wie wir uns die Nägel schneiden. Wenn die Hufe nicht getrimmt werden, können Probleme entstehen.

Tiffany wurde zu einer Herde von amerikanischen Miniaturpferden gerufen (die nur ungefähr ein Achtel so groß wie normale Pferde sind). Die kleinen Pferde lahmten. Als sie die Hufe des ersten Pferdes trimmen wollte, schlug es nach hinten aus und geriet in Panik. Wie der Besitzer Tiffany sagte, habe der bisherige Hufpfleger (der Hufeisen anlegte) die Minipferde, als sie ausschlugen, umgedreht und auf dem Boden festgehalten, während er ihnen in dieser Position die Hufeisen anlegte. Die Pferde hatten die Prozedur voller Panik erdulden müssen.

Tiffany beschloss, dieser Methode ein Ende zu setzen. Anstatt sich an die Arbeit zu machen, hörte sie den Minipferden nur zu und antwortete auf das, was sie von den Tieren intuitiv erhielt. Sie versprach ihnen, sie niemals umzudrehen und festzuhalten. Sie setzte sich zu ihnen auf den Boden und ließ sie an sich herankommen. Auch versicherte sie den verängstigten Pferden, dass sie immer ihr Bein loslassen würde, sobald sie es zurückzogen. Tiffany schickte den Pferden visuelle Bilder, wie sie ihre Hufe behandeln würde, und zeigte ihnen, dass sie stets die Kontrolle über die Situation behalten würden. Dann fing sie im Sitzen an, den Huf eines Miniaturpferdes zu trimmen. Sie drückte die Ferse des Pferdefußes und fragte, ob sie ihn haben dürfe. Das Pferd gab erst nach, geriet jedoch gleich darauf in Panik. Tiffany ließ den Fuß sofort los, holte tief Luft und setzte sich wieder ruhig hin. Es dauerte zwar eine Weile, doch mittlerweile kann Tiffany die Hufe aller Minipferde im Stall ohne Schwierigkeiten trimmen. Die Tiere kommen sogar zu ihr gelaufen, wenn sie den Stall betritt, und bleiben ruhig und voller Vertrauen stehen, während sie ihre Hufe bearbeitet. Seit der Umstellung auf die Barhuf-Pflege lahmen sie auch nicht mehr. Tiffany und ich haben dieselbe Methode auch auf meine Herde angewandt, die genauso misstrauisch war, wenn es darum ging, ihre Hufe zu behandeln.

Es ist bei Pferden nichts Ungewöhnliches, dass sie ihre Hufe nicht ohne Weiteres behandeln lassen. Ihr schwieriges Verhalten lässt sich fast immer auf eine negativ verlaufene Hufpflege in der Vergangenheit zurückführen: Entweder war ein Hufschmied grob zu ihnen und schlug sie, oder das Pferd lahmte, nachdem seine Hufe beschlagen worden waren. Vor allem eins meiner Pferde, die Stute Isabelle, war fast ein Wildpferd. Sie war ihr Leben lang eine Zuchtstute gewesen, die ein Fohlen nach dem anderen produziert hatte, und war nie geritten oder gut gepflegt worden. Ihre Hufe waren so gut wie nie behandelt worden. Einer ihrer früheren Halter war dabei gesehen worden, wie er ihr stundenlang hinterhergejagt war, um ihre Hufe behandeln zu lassen. Ihre Einstellung dazu war: »Das könnt ihr glatt vergessen!«

Tiffany und Butterfly

Es dauerte ein Jahr, bevor Tiffany und ich Isabelle so weit gebracht hatten, dass sie uns ohne Angst oder Nervosität alle vier Hufe richten ließ. Wir wandten bei ihr dieselbe Methode an, die schon bei den Minipferden funktioniert hatte: jeden Huf einzeln hintereinander, wobei wir losließen, sobald sie den Fuß zurückzog. Auch versicherten wir ihr, dass wir ihr nicht wehtun würden, und stellten uns vor, wie sie ruhig stehen blieb, während ihre Hufe getrimmt wurden. Sicher helfen auch die Nonstop-Leckerle, die wir Isabelle beim Hufe-Trimmen geben, um ihr Vertrauen zu gewinnen und ihre aktive Unterstützung zu bekommen.

Ein gutes Leittier sein

Um im Tiertraining erfolgreich zu sein, müssen Sie lernen, ein gutes Leittier zu werden – so wie es Kelly bei ihrer Erziehung der aggressiven Stute war. Ich bin überzeugt, natürliche und gewaltfreie Trainingsmethoden sind der beste Weg, um Tiere zu erziehen. Um zum Beispiel einen Hund zu trainieren, der anderen Hunden gegenüber aggressiv ist, würde ich die sanfte Clickertrainingsmethode empfehlen, die Emma Parsons in ihrem Buch *Click to Calm*[2] beschreibt, und von den autoritären Hundetrainingsmethoden abraten, die häufig im Fernsehen vorgestellt werden. Ein Tier körperlich zu dominieren funktioniert zwar und man erreicht dadurch auch seine Unterwerfung – aber nicht sein Verständnis und gegenseitigen Respekt. Was macht ein gutes Leittier aus? Das Pferd in Mark Rashids Buch *… denn Pferde lügen nicht* ist ein gutes Leitpferd, das von den anderen Tieren in seiner Herde respektiert wird. Es ist beständig, fair, übt keine Gewalt aus, wirkt nicht bedrohlich und setzt klare Grenzen. Es ist das perfekte Vorbild eines Anführers und es würde uns allen nutzen, sein Verhalten nachzuahmen. Jan Fennells Buch *Mit Hunden sprechen*[4] zeigt auf anschauliche Weise, wie man ein guter Leithund wird. In ihrem Buch untersucht sie die Führungsrolle aus der Sicht des Hundes und gibt wertvolle Ratschläge, wie man Anführer seines Hunderudels werden kann, ohne Gewalt oder Dominanz anzuwenden. Dieselben Ratschläge lassen sich auch auf Katzen übertragen und sind wichtig, weil das Fehlen klarer Grenzen dazu führen kann, gekratzt und gebissen zu werden.

Eine Trainingsmethode auswählen

Jedes Tier ist anders. Die richtige Trainingsmethode lässt sich daher nicht durch Würfeln oder Münzenwerfen auswählen. Wenn Sie die intuitiven Kommunikationsfähigkeiten anwenden, die Sie bisher schon entwickelt haben, können Sie herausfinden, was Ihr Tier denkt, fühlt und braucht. Das ist hilfreich, um das beste Trainingsprogramm für Ihr Tier auszusuchen.

Wenn Sie nicht sicher sind, welche Form der Erziehung Sie anwenden sollten, können Sie im Quellenverzeichnis nachsehen, welche Trainingsmethoden für mich am besten funktioniert haben. Sollten Sie schon eine Methode gefunden haben, die Ihnen liegt, dann können Sie die folgenden intuitiven Trainingstechniken mit einbinden, um noch erfolgreicher zu sein.

Intuitive Trainingsmethoden

Die Kombination von intuitiver Kommunikation und gewaltfreien Tiertrainingsmethoden kann äußerst effektiv sein, um Trainingsziele zu erreichen und als Leittier eine gute Dynamik mit Ihrem Tier herzustellen. Sie können intuitive Kommunikation anwenden, um einem Tier zu zeigen oder zu sagen, was Sie von ihm wollen. Eine Technik sieht vor, dass Sie Ihr Tier an einen Ort bringen, an dem es ein anderes Tier das tun sieht, was Sie von ihm erwarten. Sie können Ihren Hund zum Beispiel zu einem Beweglichkeitstest anderer Hunde oder Ihr Pferd zu einer Veranstaltung mitnehmen, bei der Pferde Sprünge vorführen. Schaffen Sie eine weitere intuitive Ebene, indem Sie Ihrem Tier laut oder in Gedanken Schritt für Schritt jeden Aspekt des Verhaltens erklären, während Sie gemeinsam zuschauen. Sagen Sie Ihrem Tier, wie es dieses Verhalten ausführen kann. Erklären Sie, welche Bewegungen es dazu wann ausführen muss. Versuchen Sie dann, Ihr Tier das gesehene Verhalten nachmachen zu lassen. Es ist gut möglich, dass sich seine Lernfähigkeit steigert, wenn es das gewünschte Verhalten gesehen hat.

Eine weitere Möglichkeit, um Ihrem Tier zu zeigen, wie es sich verhalten soll, ist der mentale Film, den ich in Kapitel 4 beschrieben habe. Erklären Sie zuerst Ihrem Tier, was Sie sich von ihm wünschen und den Grund dafür. Drehen Sie dann den Film, indem Sie einfach die Augen schließen und sich vorstellen, dass Ihr Tier genau das macht, was Sie von ihm wollen. Stellen Sie sich die Szene so lebendig vor, als würde sie gerade wirklich passieren.

Meine Kollegin Gerrie Huijts redet jeden Morgen intuitiv mit ihren Katzen, wenn sie nach draußen gehen. So findet sie heraus, um wie viel Uhr die Katzen abends zurückkommen werden. Sie sagen Gerrie die Uhrzeit – abends um acht oder um elf oder wann immer sie nach Hause kommen werden. Und sie tauchen immer zu der angegebenen Zeit wieder auf. Ihre Katzen haben sich auch spontan selbst beigebracht, Gerries zweiten Wecker zu spielen, wenn sie früh aufstehen muss. Früher stellte sie oft den Wecker ab und schlief prompt wieder ein. Dann verschlief sie, musste sich beeilen, verpasste mehrmals den Zug und bekam ernsthafte Schwierigkeiten. Wenn sie jetzt den Wecker abstellt und wieder eindöst, wecken ihre Katzen sie innerhalb einer Viertelstunde.

Tess

Meine Schülerin Carol Stoddard wandte intuitive Kommunikation und Visualisierung anstelle von herkömmlichen Trainingsmethoden an, wenn sie ihr Geländepferd Tess ritt, eine eingetragene Anglo-Araberstute, die mittlerweile leider verstorben ist.

Tess und Carol

Carol stellte während des 100-Meilen-Ritts der *Vermont Green Mountain Horse Association* fest, dass sie sich mit Tess unterhalten konnte. Dieser Ritt gilt als die anstrengendste einhundert-Meilen-Gelände-Veranstaltung und dauert drei Tage. Sie war mit Tess allein auf der Strecke und ließ das Pferd gemächlich gehen, als sie plötzlich eine Stimme fragen hörte: »Können wir jetzt traben?« Ohne nachzudenken, antwortete sie in Gedanken mit »Ja«, und Tess begann zu traben. Von dem Tag an kommunizierten Carol und Tess telepathisch. Tess ließ sie wissen, wenn sie auf der Strecke traben oder galoppieren wollte, und Carol ließ sich von ihr führen. Wenn Carol eine andere Gangart einschlagen wollte, brauchte sie bloß »Trab« denken, und sofort trabten beide, oder »kurzer Galopp«, und Tess fing an, leicht zu galoppieren. Die Gedanken wurden blitzschnell umgesetzt. Carol gab Tess keine bewussten Zeichen oder Befehle, ihre Geschwindigkeit zu beschleunigen oder zu verlangsamen. Tess war eine Profi-Sportlerin, die die Meilen und Berge in Vermont mit links nahm und immer unter den Ersten war. Sie war eines der wenigen Pferde, die in dem 100-Meilen-Ritt je alle einhundert Punkte erreicht hat.

Lösungen finden

Auch wenn in Trainingssituationen Probleme auftauchen, kann die Intuition hilfreich sein. Manchmal lässt sich im Ausbildungsprozess eine Hürde überwinden oder die Ebene erreichen, wenn man das Tier intuitiv dazu befragt. Meine Klientin Cindi Clarke hatte mit ihrem Hund Trooper eine Sackgasse erreicht.

Cindi und Trooper links

Trooper war in der Vergangenheit durch Männer traumatisiert worden und hatte nun Angst vor Männern und anderen Hunden. Er besaß nicht das Selbstbewusstsein, das ein großer Hund haben sollte.

Cindi arbeitete mit Hilfe ihrer Intuition einen Plan aus, um ihren Hund von seinem Dilemma zu befreien. Sie beschloss, ihn zu zwei Unterrichtseinheiten der Ausbildung zum Wachhund mitzunehmen, um sein Selbstvertrauen zu stärken. Das hat wunderbar funktioniert. Als er es schaffte, beim Training den »bösen« Mann mit dem Stock anzugreifen und zu verjagen, nahm seine Angst ab. Da Cindi keinen aggressiven, sondern nur einen selbstbewussten Hund aus ihm machen wollte, beendete sie die Ausbildung nach ein paar Trainingsstunden. Jetzt erinnert sie Trooper jeden Tag daran, bevor sie zur Arbeit geht, dass es seine Aufgabe ist, das Haus und ihren zweiten Hund, einen Mops namens Tink, sowie die Katzen zu beschützen. Troopers Selbstvertrauen ist stärker geworden, und statt eingeschüchtert zu werden und wegzurennen, wenn andere Hunde ihn herausfordern, hat er gelernt sich zu wehren. Das erste Mal geschah das in einer Tiertagesstätte. Statt sich zu raufen, schienen Trooper und der Hund, der ihn angegangen war, sich nur noch gegenseitig auszuchecken. An diesem Tag kam Trooper sehr viel selbstbewusster nach Hause.

Neil und eines seiner Pferde

Neil Flood, der hochkarätige Dressurpferde reitet, liefert ein weiteres Beispiel dafür. Genauso wie Carol hat auch Neil festgestellt, dass intuitive Kommunikation für den Umgang mit Pferden manchmal wirksamer ist als die Anweisungen eines Trainers.

Er berichtete mir von einem Vorfall, bei dem eine riesige Warmblutstute, die er ritt, aus der Reihe tanzte. Jedes Mal, wenn er ihr mit dem Bein ein Zeichen gab, drehte sie sich um, tänzelte und verhielt sich so, als wollte sie scheuen. Da Neil fest daran glaubt, dass es nie am Pferd liegt, wandte er intuitive Kommunikation an und fragte sie, was er falsch mache. Er hörte intuitiv (in Worten, die als mentale Mitteilung kamen), dass ihre rechten Rippen schmerzten. Die Stute bat ihn, das Bein ein Stück weiter vor anzulegen. Nachdem Neil mit dem Bein etwas vorgerückt war, benahm sie sich sofort einwandfrei.

Wie ein Coach denken

Für das Training Ihrer Tiere empfehle ich Ihnen, wie ein Coach zu denken. Das heißt, dass Sie sich als Coach Ihres Tieres betrachten sollten und Ihr Tier olympiaverdächtig für Sie sein sollte. Egal was andere sagen oder tun – die Hauptsache ist, Sie als Trainer glauben fest daran, dass Ihr Tier jedes Ziel erreicht, das Sie sich vorgenommen haben. Sie müssen hundertprozentig an Ihr Tier glauben und es das auch wissen lassen. Sagen Sie Ihrem Tier, dass Sie ihm jede Unterstützung geben werden, die es dazu braucht.

Übung

Die Coach-Methode

Die Coach-Methode baut auf den intuitiven Mitteln auf, die Sie im letzten Kapitel gelernt haben. Probieren Sie an einem Ihrer Tiere aus, wie sie funktioniert. Hier die einzelnen Schritte:

1. Glauben Sie daran, dass Ihr Tier kann, um was Sie es bitten, egal was andere sagen oder denken. Wenn Ihnen Zweifel kommen, streichen Sie die Zweifel aus und setzen Sie dafür einen positiven Gedanken ein.
2. Sprechen Sie laut oder in Gedanken mit dem Tier über Ihre Trainingsziele. Bitten Sie es um seine Meinung und passen Sie Ihr Trainingsprogramm der Sicht Ihres Tieres an. Falls dieser Schritt Ihnen Schwierigkeiten bereitet, sollten Sie so lange die Übungen in Kapitel 2 anwenden, bei denen es um den Dialog mit dem Tier geht, bis Sie sich ganz locker mit ihm unterhalten können.
3. Informieren Sie Ihr Tier, worum es geht und was von ihm erwartet wird. Falls möglich, zeigen Sie Ihrem Tier ein anderes Tier, das die gewünschte Handlung durchführt.
4. Drehen Sie einen mentalen Film, in dem Sie und Ihr Tier die Handlung durchführen, so als würde es die Handlung längst beherrschen.
5. Während der Trainingssitzungen sollen Sie das Geschehen (entweder laut oder in Gedanken) kommentieren. Wenn Sie erkennen können, dass Ihr Tier gleich einen Fehler machen wird, teilen Sie es ihm sofort mit, noch

bevor der Fehler passiert. Möglicherweise kann das Tier den Fehler noch rechtzeitig korrigieren.

6. Arrangieren Sie die Trainingssitzung jeweils Erfolg versprechend. Wenn Sie zum Beispiel einem Hund beibringen, auf Ihren Ruf hin zu kommen, dann beginnen Sie im Wohnzimmer und bauen langsam darauf auf: im Garten an der langen Leine, dann draußen in einem eingezäunten Gebiet und schließlich auf dem freien Feld.
7. Bieten Sie Ihrem Tier eine Belohnung für eine gute Leistung. Eine Klientin von mir versprach ihrem Dressurpferd, sobald es etwas richtig gemacht habe, würden sie die Trainingssitzung beenden und die Esel besuchen – das tat das Pferd am liebsten. Sobald sie ihm diese Belohnung angeboten hatte, bemerkte sie eine deutliche Verbesserung in seiner Fähigkeit, etwas auf Anhieb richtig auszuführen. Auch vergaß es das, was es gelernt hatte, von da an nicht mehr.
8. Sparen Sie nicht an Lob und Komplimenten. Tiere mögen Komplimente genauso sehr wie wir, und sie verstehen sie auch. Achten Sie mal darauf, wie die Augen Ihres Tieres glänzen, wenn Sie ihm eine Reihe von Komplimenten machen! Es kann auch sein, dass Ihr Tier beim Training weitaus kooperativer mitmacht, wenn Sie ihm regelmäßig Komplimente machen. Falls etwas schiefgeht, sollten Sie immer davon ausgehen, dass Sie es dem Tier nicht richtig übermittelt haben oder dass Ihr Tier sich unwohl oder unbehaglich fühlt, und die Ursache herausfinden. Der Ausgangspunkt für die Lösung aller Probleme ist, das Tier zu fragen, so wie Neil es mit seiner »ungehorsamen« Stute tat.

6

Schlechtes Benehmen korrigieren

Wie Sie sich vorstellen können, habe ich schon mit vielen Leuten über das schlechte Benehmen ihrer Tiere gesprochen. Dabei habe ich festgestellt, dass sich das negative Verhalten eines Tieres häufig auf etwas zurückführen lässt, was ein Mensch getan oder auch nicht getan hat. Wenn Sie ein Problem lösen wollen, müssen Sie damit anfangen herauszufinden, wodurch das Problem verursacht wird. Dafür können Sie intuitive Kommunikation anwenden, indem Sie ein Tier einfach fragen: »Warum verhältst du dich so?« Häufig werden Sie so die Ursache herausfinden und sich dann daranmachen, es zu ändern.

Wütend zu werden, Strafen oder Schuldzuweisungen funktionieren *nicht,* wenn Sie schlechtes Benehmen korrigieren wollen. Wenn jemand mich anruft und mir mitteilt: »Sagen Sie meinem Tier, es muss sich ändern, sonst wird es abgeschafft«, versuche ich, den Anrufer zur Räson zu bringen und ihm eine vernünftigere Einstellung zu vermitteln. Wenn Sie das schlechte Verhalten Ihres Tieres ändern wollen, müssen Sie willens sein, daran zu arbeiten und Zeit und Energie dafür aufzubringen. Je länger das Fehlverhalten schon besteht, desto mühsamer kann es werden, es zu korrigieren. Wenn Sie darauf vertrauen, dass das Problem lösbar ist, und bereit sind, alles dafür zu tun, um es zu lösen, werden Sie Ihr Ziel ziemlich sicher auch erreichen.

Tiere treten aus einem Grund in unser Leben – auch die Tiere mit Verhaltensstörungen. Wir lernen von jedem Tier entweder etwas über uns selbst und wie wir leben sollen, oder etwas, das unseren anderen Tieren nützt. Mein Hund Dougal, der mittlerweile verstorben ist, hat mir eine Menge über den Umgang mit schlechtem Verhalten beigebracht. Ich begegnete ihm bei einem freiwilligen Restaurierungsprojekt einer Bucht in Oakland, Kalifornien, das ich leitete. Wir sahen, dass er in einem der Gärten neben der Bucht, an der wir arbeiteten, angebunden war. Hin und wieder flüchtete er und kam uns besuchen. Eines Morgens rief mich eine ehrenamtliche Mitarbeiterin aus der Nachbarschaft voller Panik an, weil Dougal sich wieder einmal losgerissen hatte. Er war hinter einem Kind hergerannt, das auf eine Mauer geklettert war, um sich vor ihm in Sicherheit zu bringen. Die Polizei war gerufen worden, und der Hund sollte »entsorgt« werden. Um sein Leben zu retten, fragte die Frau mich, ob sie mir den Hund bringen könnte. Ich stimmte zu.

Dougal

Ich nannte Dougal einen »Schokoladewolfshund«, da er eindeutig eine Mischung aus irischem Wolfshund und schokoladebraunem Labrador war. Auch war er ziemlich groß und absolut unzivilisiert. Dougal war ein untrainierter, unkastrierter, hyperaktiver Rüde. Er wusste nicht, wie es ist, in einem Haus zu leben. Mindestens sechs Monate lang versuchte ich alles, was mir nur einfiel, um ihm ein neues Zuhause zu vermitteln. In der Zwischenzeit brachte ich ihn voller Verzweiflung von einem Hundetraining zum nächsten. Dann machte es irgendwann bei ihm Klick und er fing an, ruhiger zu werden. Schließlich – nach vier Hundetrainingsklassen – verwandelte er sich in den süßesten, sanftesten und liebsten Hund, den ich je gekannt habe, und ich hätte ihn für alles Geld dieser Welt nicht mehr hergegeben. Dougal brachte mir bei, dass ein gutes, positiv bestärkendes Trainingsprogramm[1] das beste Gegenmittel für eine ganze Reihe schlechter Verhaltensmuster ist. Auch hat er mir bewiesen, dass man den besten Hund, der einem begegnen kann, nicht immer auf Anhieb erkennt.

Wann man lieber den Tierarzt als einen Tierkommunikator anrufen sollte

Manchmal kann das intuitive Gespräch mit einem Tier große Änderungen in seinem Verhalten bewirken, wie Sie aus den Geschichten dieses Kapitels entnehmen können. Doch gewöhnlich ist intuitive Kommunikation am effektivsten, wenn sie mit einem Trainingsprogramm und ganzheitlichen Gesundheitspraktiken kombiniert wird. Auch gibt es eine Reihe von Situationen, in denen es besser ist, einen Tierarzt als einen Tierkommunikator anzurufen. Unten sind die zehn Top-Beschwerden meiner Klienten aufgelistet, die meines Erachtens in diese Kategorie fallen. Die Verhaltensstörungen, die am häufigsten auftreten, habe ich zuerst aufgelistet. Wenn Tierhalter mich wegen eines dieser Probleme anrufen, verweise ich sie an einen Tierarzt – vorzugsweise einen ganzheitlichen Tierarzt oder einen ganzheitlichen Spezialisten (z. B. Tierheilpraktiker, Tiermassagetherapeuten und Energieheiler). Sobald die Besitzer mit dem Tier einen professionellen Spezialisten aufgesucht haben, können sie mich noch einmal anrufen, um als Nachsorge eine Kommunikationssitzung zu vereinbaren.

1. Ungewöhnliches Urinieren bei Katzen

»Ungewöhnliches Urinieren« bedeutet, wenn eine Katze auf den Teppich, außerhalb ihres Katzenklos, aufs Bett, in die Badewanne, auf den Herd, in den Abzugsschacht und so weiter pinkelt. Wenn meine Auswahl an Anrufern für dieses Problem repräsentativ ist, dann werden viele Katzenhalter davon geplagt. Ungewöhnliches Urinieren kann durch eine Blasenentzündung, Harnsteine oder irgendeine andere Störung der Blase oder Niere einer Katze entstehen. Eine Katze, die diese Verhaltensauffälligkeit an den Tag legt, muss von einem Tierarzt untersucht werden, da die Erkrankungen tödlich verlaufen können. Bei meinen eigenen Tieren ziehe ich es vor, einen Tierarzt der klassischen Medizin (zur Diagnosestellung, Operation und anderer Leistungen) *und* einen ganzheitlichen Tierarzt (für ganzheitliche Behandlungsmethoden) zu konsultieren.[2]

Oft uriniert eine Katze absichtlich an den falschen Plätzen, eben um ihrem Menschen mitzuteilen, dass körperlich mit ihr etwas nicht stimmt. Wenn Leute mich bitten, intuitiv festzustellen, ob ein körperliches Problem vorliegt, muss ich die Bitte ablehnen. Es ist nicht nur unratsam, sondern auch ungesetzlich, wenn ein Tierkommunikator versucht, eine ärztliche Diagnose zu erstellen. Bei der intuitiven Kommunikation handelt es sich nicht um eine exakte Wissenschaft; man kann sich auch irren. Am besten gehen Sie bei der Gesundheit Ihres Tieres keine Risiken ein. Der Tierarzt sollte den Urin der Katze auf Bakterien, Harnsteine und Schwerkraft[2] untersuchen. Falls er körperliche Probleme feststellt, rate ich Ihnen, außerdem einen ganzheitlichen Tierarzt zu konsultieren, um die Behandlungsweise entscheiden zu können.

Wenn ungewöhnliches Urinieren nur gelegentlich auftritt und mit dem Verreisen des Besitzers oder einer anderen offensichtlichen Ursache verbunden ist, handelt es sich vermutlich eher um eine reine Verhaltensstörung, die sich durch intuitive Kommunikation beheben lässt. Doch auch dann kann der Stress Ihrer Abwesenheit dazu führen, dass Ihre Katze eine Blaseninfektion entwickelt, wenn Sie verreisen. Daher ist es immer am besten, das Tier untersuchen zu lassen. Wenn sich herausstellt, dass es sich nicht um ein körperliches

Leiden handelt, dann sollten Sie mit der Katze reden, herausfinden, was sie beunruhigt, und so eine Lösung finden.

2. Wenn Tiere sich kratzen, beißen und lecken

Wenn Hunde und Katzen Symptome zeigen, indem sie sich lecken und beißen, handelt es sich nur selten um ein psychisches Problem. Zwar würde ich nie »nie« sagen, doch gewöhnlich verweise ich die Leute bei diesem Symptom an einen ganzheitlichen Tierarzt. Meist wird er die Ernährung des Tieres auf Naturkost oder Rohkost (die rohes oder gekochtes Fleisch, das für den menschlichen Verzehr geeignet ist, sowie leicht gedämpftes Biogemüse und Hülsenfrüchte beinhaltet) mit Kräutern, die das Immunsystem verbessern, und Nahrungsergänzung, die die Verdauung anregt und die Energie des Tieres stärkt, umstellen. Wie ich gehört habe, wirkt diese Behandlungsmethode häufig. Ich weiß, dass die Methode bei meinem Hund Dougal funktioniert hat. Er hatte jedes Jahr durch Allergien eine Staphylokokken-Entzündung entwickelt und bekam am ganzen Körper einen geröteten Ausschlag. Noch bevor Rohfutter der neueste Trend wurde, stellte ich seine Ernährung auf eine Rohdiät um (die, wie schon der Name sagt, hauptsächlich aus rohem Fleisch, rohen Knochen und rohem Gemüse besteht). Damals gingen viele davon aus, dass ich meinen Hund durch das rohe Futter umbringen würde, und sie warteten nur darauf, dass er tot umfiel. Stattdessen verschwand der Ausschlag innerhalb von vier Tagen nach der Umstellung auf Rohnahrung. Sein Fell fing wieder an zu wachsen, und er hörte auf, sich zu kratzen.

Kratzen, beißen und lecken kann auch durch Flöhe verursacht werden, doch bevor Sie nun nach einem Flohhalsband greifen, sollten Sie lieber erst Dr. Martin Goldsteins Buch *The Nature of Animal Healing* lesen. Danach werden Sie vermutlich die natürlichen Methoden der Flohbekämpfung bevorzugen. Es gibt sie und sie funktionieren wunderbar. Im Quellenverzeichnis finden Sie Informationen über die Rohkostdiät, und für Informationen über alternative Flohbehandlungen sollten Sie Ihren ganzheitlichen Tierarzt fragen.

3. Wenn das Tier sich weigert, Treppen zu steigen, aufs Sofa oder ins Auto zu springen

Bei den ersten Anzeichen, dass Ihr Hund oder Ihre Katze zögert oder sich weigert, Treppen zu steigen oder zu springen, sollten Sie Ihren ganzheitlichen Tierarzt bitten, die Gelenke und Glieder des Tieres zu untersuchen. Wenn sich herausstellt, dass es sich um Arthrose oder steife Glieder handelt, sollten Sie heilpraktische Behandlungsmethoden, Massage und Akupunktur in Erwägung ziehen. Diese Behandlungen wirken bei Menschen, und es gibt sie mittlerweile auch für Tiere. Ganzheitliche Tierärzte können Sie auch über Kräuter, Nahrungsergänzungen und Naturkost beraten, mit denen Arthrose und andere Beschwerden an Gelenken und Rückgrat behandelt werden können.

4. Wenn Pferde bockig oder aggressiv reagieren

Schlechtes Verhalten bei Pferden hat häufig eine körperliche Ursache wie zum Beispiel Zahnschmerzen, Rückenschmerzen, einen schlechten Sattel, die falsche Ernährung, ein ungünstiges Mundstück oder eine schlechte Hufpflege. Bevor Sie beschließen, Ihr Pferd ins Trainingscamp zu schicken, sollten Sie sein körperliches Befinden überprüfen. Als Anfang könnten Sie dem Pferd eine Massage durch einen professionellen Pferdemasseur verschreiben. Bitten Sie den Masseur, Sie über alle Stellen zu informieren, die er als schmerzhafte oder problematische Punkte identifiziert. Danach könnten Sie Ihr Pferd durch einen Pferdeheilpraktiker ausrichten lassen. Wenn Sie alle möglichen Körperbeschwerden eliminiert haben, können Kommunikation und Training die Lösung des Problems sein.

5. Wenn Hunde Steine und Kot fressen

Wenn mich Leute anrufen, weil ihr Hund oder ihre Katze den eigenen Kot oder den Kot anderer Hunde oder Katzen fressen, dann schicke ich sie zu einem ganzheitlichen Tierarzt, denn ein normaler, gesunder Hund macht das nicht. Doch Hunde fressen allen möglichen Kot oder Mist, und das ist ein ganz normales, wenn auch ekliges Hundeverhalten: die ewige Suche nach einer guten Magenflora. Wie Klienten, die dieses Problem mit ihrem Hund hatten, mir sagten, haben ihre ganzheitlichen Tierärzte die Ernährung des Hundes auf eine Ernährung mit Natur-/Rohkost mit Nahrungsergänzungen für die Verdauung umgestellt. Diese Futterumstellung hat das Verhalten völlig korrigiert. Wenn Hunde Steine oder andere harte Gegenstände fressen, kann das lebensbedrohlich werden und eine Operation erfordern. Es ist daher gut zu wissen, dass es für dieses Problem eine ganzheitliche Lösung gibt.

6. Wenn Tiere sich nicht gern anfassen lassen

Wenn ein Tier sich nicht gern anfassen lässt, kann das die Folge von Misshandlungen oder eines Mangels an Berührungen des Jungtieres sein. Das lässt sich durch intuitive Kommunikation ändern. Doch dieses Verhalten wird möglicherweise auch durch Schmerzen und Unbehagen verursacht. Um sicherzugehen, dass es sich nicht um ein körperliches Problem handelt, schadet es nie, ein Tier, das dieses Verhalten aufweist, von einem ganzheitlichen Tierarzt untersuchen zu lassen.

7. Wenn Katzen nachts miauen und durchs Haus irren

Wenn Katzen anfangen, nachts zu miauen und durchs Haus zu wandern, könnte die Ursache eine unerkannte Krankheit, Arthroseschmerzen oder Senilität sein. Meine Katze Jenny fing im Alter von achtzehn Jahren an, nachts zu miauen und ruhelos umherzuirren.

Ich brachte sie in die Tierklinik, wo festgestellt wurde, dass sie unter einer Überfunktion der Schilddrüse litt. Sie bekam die radioaktive Jodbehandlung, woraufhin ihr nächtliches Umherirren aufhörte. Doch in ihrem letzten Lebensjahr – im Alter von sechsundzwanzig – fing sie wieder damit an. Diesmal war die Ursache Senilität. Auch hatte ich Klienten, deren Katzen dies wegen Arthrosebeschwerden taten. Am besten lassen Sie bei dieser Verhaltensstörung Ihre Katze von einem ganzheitlichen Tierarzt untersuchen.

8. Wenn Stuten postmenstruale Stresssymptome entwickeln

Manche Stuten haben scheinbar Hormonstörungen, die sie während des Menstruationszyklus ziemlich nervös und bissig werden lässt. So etwas können Sie der Stute weder intuitiv noch sonst wie ausreden. Traditionelle Tierärzte behandeln diese Konstitution meist mit synthetischen Hormonen. Ich empfehle, einen ganzheitlichen Tierarzt zu konsultieren, um die Hormone des Pferdes durch eine natürlichere Behandlungsmethode auszugleichen.

9. Wenn Tiere Haare verlieren, abmagern oder viel trinken

Auch wenn es klar sein sollte, will ich es nochmals betonen: Wann immer Sie beobachten, dass Ihr Tier Haare verliert, abnimmt oder viel trinkt, ist es höchste Zeit, zum Tierarzt zu gehen. Symptome dieser Art können auf ernsthafte Gesundheitsprobleme hinweisen und dürfen nie ignoriert werden.

10. Wenn Pferde für den Hufschmied nicht still stehen und nicht kooperieren

Ich schätze, weit über die Hälfte aller Pferde, die Probleme machen, wenn ihre Hufe getrimmt und beschlagen werden sollen, wollen ihren Besitzern damit sagen, dass sie entweder den Hufschmied oder das, was er mit ihnen macht, nicht mögen. Ich schlage vor, einen wirklich ausgezeichneten Barhufpfleger für Ihr Pferd zu finden und zu sehen, ob sich sein Verhalten dann nicht bessert. Im Quellenverzeichnis finden Sie US-Webseiten mit Beschreibungen der Barhufpflege.

Wann Sie zusätzlich einen Trainer hinzuziehen sollten

Sobald Sie körperliche Beschwerden als Ursache von Verhaltensauffälligkeiten ausgeschlossen haben, können Sie zur Lösung des Problems intuitive Kommunikation anwenden. Manche schlechten Verhaltensmuster lassen sich jedoch durch eine Kombination aus intuitiver Kommunikation und Tiertrainingsmethoden wirksamer auflösen. Unter diesem Abschnitt liste ich die zehn häufigsten Anrufe von Klienten auf, die unter diese Kategorie fallen. Die häufigsten Verhaltensstörungen stehen an erster Stelle. Wenn Besitzer mich wegen eines dieser Probleme anrufen, biete ich eine intuitive Sitzung an und verweise sie zusätzlich an einen professionellen Tiertrainer.

Ich empfehle Ihnen, nur mit Trainern zusammenzuarbeiten, die gewaltfreie Methoden anwenden. Einen Hundetrainer, der Alpharollen, Stachel- oder Elektroschockhalsbänder vorschlägt oder zu dessen Erziehungsmethoden Ohrenzwicken, Schläge oder einen Hund an Halsband und Leine aufzuhängen gehören, sollten Sie sofort vergessen. Auch sollten Sie einen Pferdetrainer ablehnen, der das Pferd schlägt, an- oder festbindet oder der Peitschen, Hartsporen, harte Gebisse oder sonstige Tricks anwendet, die dem Pferd wehtun oder Angst machen. Vergessen Sie dabei auch nicht: Selbst wenn die von Ihnen ausgewählte Trainingsmethode sanft ist, muss der Trainer es nicht sein. Wenn sich bei der Zusammenarbeit mit einem Trainer irgendetwas nicht richtig anfühlt, und wenn Ihr Tier gestresst und unglücklich wirkt, dann sehen Sie sich schnell nach einem neuen Trainer um! Suchen Sie so lange, bis es sich richtig anfühlt. Dann können Sie sicher sein, die richtige Kombination aus Methode und Trainer gefunden zu haben.

1. Aggressive Tiere

Aggression ist bei allen Tieren ein ernstes Problem. Hunde, Katzen und Pferde können andere Hunde, Katzen und Pferde oder Menschen – manchmal sogar ihre eigenen Menschen – angreifen, kratzen oder beißen. Wenn das Ihr Problem ist und Sie die Möglichkeit eliminiert haben, dass das Tier sich aufgrund von Schmerzen oder Beschwerden aggressiv verhält, dann müssen Sie vermutlich Training in den Lösungsansatz mit einbeziehen. Ein aggressives Verhalten muss sofort behandelt werden, da ein aggressives Tier für Menschen und andere Tiere gefährlich werden kann.

2. Trennungsangst

Trennungsangst benennt eine Reihe von Verhaltensstörungen, die ein Tier zeigt, wenn es Angst hat, verlassen zu werden. Zum Beispiel, wenn ein Hund tagsüber allein zu Hause bleiben muss, oder wenn ein Pferd von seiner Herde getrennt wird. Soweit ich weiß, entwickeln Katzen normalerweise keine Trennungsangst, auch wenn es Ausnahmen gibt. Eine Katze kann jedoch ganz schön wütend werden, wenn Sie die Frechheit besitzen, ohne sie in so einen blöden Urlaub zu fahren. Als Reaktion könnte Ihr Kätzchen Sie mit unangenehmen Verhaltensweisen bestrafen.

Es gibt einige gute Trainingsführer, wie man mit diesem Problem bei Hunden umgeht (ein paar davon liste ich im Quellenverzeichnis auf). Zwar habe ich noch nicht viel gefunden, was über die Behandlung dieses Problems bei Pferden geschrieben wurde, doch auch bei Pferden funktionieren ähnliche Techniken. Eine Desensibilisierungsmethode, die bei Hunden angewandt wird, schreibt vor, den Hund Schritt für Schritt an das Alleinsein zu gewöhnen. Bei einem Pferd können Sie damit anfangen, indem Sie mit dem Pferd einen kurzen Spaziergang mit vielen tollen Leckerchen machen, wobei die Herde in seiner Sichtweite bleibt. Dieser tägliche Spaziergang wird jedes Mal ein bisschen ausgedehnter, bis Sie schließlich mit dem Pferd so weit gehen, dass es die Herde nicht mehr sieht. Das Pferd sollte sich dadurch daran gewöhnen können und seine Trennungsangst loswerden, wenn Sie die Trennung von der Herde verlängern. Zusätzlich zum Trainingsprogramm hilft intuitive Kommunikation den meisten Tieren, einschließlich Katzen mit Trennungsangst.

3. Hunde, die nicht stubenrein sind

Hunde sind Gewohnheitstiere. Um sie dazu zu bewegen, nicht mehr ins Haus zu pinkeln, müssen Sie sie umkonditionieren, damit sie woanders hinmachen. Dafür brauchen Sie ein paar Trainingstechniken und Kommunikation.

4. Hunde, die nicht hören, wenn sie gerufen werden

So wie Hunde, die nicht stubenrein sind, muss auch ein Hund, der nicht auf Sie hört, wenn Sie ihn rufen, dazu erzogen werden. Leckerchen und ein beständiges, sich steigerndes Trainingsprogramm eignen sich, um einen Hund dazu zu bringen, sofort auf Sie zu hören.

5. Hunde, die bellen

Bellen ist oft ein Symptom für mangelnden Auslauf. Wenn Sie einen Hund haben, der dauernd bellt, dann sollten Sie ihn an einer Hundeschule anmelden, die positive Bestärkung anwendet. Finden

Sie heraus, welche Reize Ihren Hund zum Bellen bewegen, und arbeiten Sie daran, diese Auslöser zu verringern. Auch intuitive Kommunikation hilft bei diesem Problem.

6. Hunde, die buddeln

Hunde lieben es, in der Erde zu buddeln. Statt zu versuchen, Ihrem Hund dieses Verhaltensmuster abzugewöhnen, können Sie Ihren Hund durch gewaltfreies Training und intuitive Kommunikation dazu bringen, manierlich nur eine bestimmte Ecke des Gartens umzugraben.

7. Pferde, die scheuen oder sich nicht problemlos verladen lassen

Durch natürliche Pferdetrainingsmethoden, kombiniert mit Körperarbeit, Kräutern, Blütenessenzen und ganzheitlicher Pflege und Ernährung, lässt sich meistens das Problem beseitigen, wenn ein Pferd scheut oder sich nicht ohne Schwierigkeiten verladen lässt. Auch intuitive Kommunikation wirkt unterstützend.

8. Hunde, die bei offener Haustür hinauslaufen oder wegrennen

Wenn ein Hund bei offener Tür aus dem Haus läuft, lässt sich das Verhaltensproblem durch Training leicht beheben. Doch wenn ein Hund wegrennt, ist das Problem komplexer. Dafür brauchen Sie nicht nur Training, sondern auch einen stabilen Zaun, und Ihr Hund braucht ein gutes Leben – sonst kann es passieren, dass er Ihnen so lange durch sein Wegrennen dasselbe mitteilt, bis Sie es endlich kapiert haben. Die intuitive Kommunikation mit Ihrem Hund ist zwar wichtig, doch genauso wichtig ist es, jeden Tag ausgiebig mit ihm spazieren zu gehen oder ihn ins Café auf einen Cappuccino mitzunehmen.

9. Hunde, die Katzen jagen und/oder erlegen

Hunde kann man dazu erziehen, nett zu Katzen zu sein. Ich hatte sogar Klienten, die es durch Training und Kommunikation geschafft haben, ihre Hunde zu überzeugen, keine Katzen mehr totzubeißen.

10. Hunde, die an Leuten hochspringen

Hunde lassen sich durch gewaltfreie Trainingsmethoden leicht dazu erziehen, an Leuten nicht mehr hochzuspringen.

Intuitive Kommunikation zur Problemfindung anwenden

Der erste Schritt bei der Anwendung von Intuition, um ein schlechtes Verhalten zu korrigieren, ist die Befragung Ihres Tieres. Dabei können Sie herausfinden, was den Verhaltensfehler verursacht und was Ihr Tier braucht, um sein Verhalten zu ändern.

Übung

Ihr Tier befragen

Manchmal ist es nicht einfach, ein Tier nach einem Problem zu fragen, das für Sie mit Emotionen verbunden ist. Doch wenn Sie es tun, erhalten Sie hilfreiche Hinweise. Viele Leute befürchten, sich Dinge nur auszudenken, wenn sie das aufschreiben, was sie vom Tier zu erhalten glauben. Diese Unsicherheit lässt sich nicht vermeiden. Der einzige Weg ist, auf Ihre Gefühle zu hören. Fragen Sie sich immer wieder, wie Sie sich fühlen, während Sie dem Tier Fragen stellen, und notieren Sie Ihre Eindrücke. Nach meiner Erfahrung werden Sie auf diese Weise wahrscheinlich korrekte Informationen über die Ursache der Verhaltensstörung Ihres Tieres erhalten.

Suchen Sie sich einen ruhigen Zeitpunkt aus, an dem Sie ungestört sind, und stellen Sie eine Liste von Fragen zusammen, die Sie Ihrem Tier hinsichtlich eines bestimmten Verhaltensproblems stellen wollen. Hier ein paar Beispielfragen, mit denen Sie anfangen könnten:

- Warum benimmst du dich so?
- Spiegelst du etwas in mir wieder?
- Was brauchst du von mir?
- Was brauchst du, um dieses Verhalten zu ändern?
- Hilft es dir, wenn ich ... (machen Sie einen bestimmten Vorschlag)?
- Willst du dich ändern und dieses Problem lösen?
- Hilfst du mir herauszufinden, wie wir es lösen können?

Fügen Sie weitere Fragen hinzu, die spezifisch auf die Situation zutreffen.

Führen Sie nun einen intuitiven Dialog mit Ihrem Tier. Stellen Sie Ihre erste Frage und warten Sie auf eine Antwort. Arbeiten Sie die Fragen einzeln ab; gehen Sie nicht schon zur nächsten Frage über, bevor Sie die eingehenden Wahrnehmungen notiert haben. Vielleicht erhalten Sie nur ein vages Gefühl, und das ist ausreichend. Wenn Sie keine Eindrücke wahrnehmen, schätzen

Sie, wie Ihr Tier die Frage beantworten würde. Egal ob Sie sich der Antworten, die Sie empfangen, sicher sind oder nicht – gehen Sie davon aus, dass sie die Gedanken und Gefühle Ihres Tieres richtig wiedergeben. Entwickeln Sie dann auf der Grundlage dieser Informationen Ihres Tieres ein Verhaltensmodifizierungsprogramm. Verwenden Sie die Komponenten, die im weiteren Teil dieses Kapitels beschrieben werden, um mit dem Problem richtig umzugehen.

Spiegelt Ihr Tier Ihr eigenes Verhalten?

Tiere können uns körperlich und emotional nachmachen oder spiegeln. Unsere Tiere stehen uns so nahe, dass es für sie ganz natürlich ist, sich uns auf diese Weise anzupassen. Wenn wir gesund und glücklich sind, ist das natürlich kein Problem! Doch es ist auch nicht ungewöhnlich, dass ein Tierarzt bei einem Tier dieselbe Krankheit oder Verletzung behandeln muss, die sein Halter auch hat.

Das gleiche geschieht mit Gefühlen und Überzeugungen. Bevor mir bewusst wurde, was ich tat, übertrug ich meiner Hündin Brydie meine Angst vor anderen Hunden, weil ich nicht wusste, wie sie mit ihnen umgehen würde. Sobald ich jedoch meine negativen Erwartungen änderte und meine Angst verlor, wurde sie ein ganz normaler, glücklicher Hund, der andere Hunde mochte. Treten Sie einen Schritt zurück und werfen Sie einen objektiven Blick auf sich selbst und auf das schlechte Verhalten Ihres Tieres: Haben Sie vielleicht dasselbe Problem wie Ihr Tier, oder könnte es sein, dass Sie das Problem durch Ihre Gefühle und Überzeugungen selbst verursachen? Indem wir unsere seelischen Unausgewogenheiten in dem Spiegel betrachten, den unsere Tiere uns vorhalten, helfen sie uns, unsere eigenen Probleme zu überwinden.

Wenn Sie den Verdacht haben, dass Ihr Tier Sie selbst widerspiegelt, lösen Sie das Problem Ihres Tieres am effektivsten, wenn Sie

Ihr eigenes Problem lösen. Wenn Sie zum Beispiel einen schlimmen Rücken haben und Ihr Tier auch Probleme am Rücken entwickelt, dann sollten Sie nach neuen Lösungen für Ihr Rückenproblem suchen. Oder wenn Sie und Ihr Tier ein psychisches Problem mit dem Gefühl des Verlassenwerdens haben, sollten Sie erst Ihre eigenen Trennungsängste angehen. Manchmal brauchen Sie nur Ihr eigenes Problem zu lösen, um auch Ihr Tier davon zu befreien.

Sprechen Sie auch mit Ihrem Tier über die Situation. Erklären Sie ihm, dass Sie seine emotionale Nähe zwar sehr schön finden, es jedoch für Sie besser wäre, wenn das Tier Ihnen ein Vorbild an Gesundheit und Unbeschwertheit sein könnte, statt etwas zu reflektieren, was bei Ihnen aus dem Gleichgewicht geraten ist. Danken Sie ihm dafür, dass es Ihnen Ihr Problem deutlich gemacht hat, und fragen Sie es, ob es das Problem jetzt loslassen kann. Versprechen Sie ihm, daran zu arbeiten, Ihr inneres Problem zu verarbeiten. Zeigen Sie Ihrem Tier auch auf, welche Mittel geeignet sind, um das Problem Ihres Tieres zu lösen.

Ihr Tier bestätigen und anleiten

Wenn Sie die Meinung Ihres Tieres zu einem Problem haben und sich ziemlich sicher sind, dass Ihr Tier Sie nicht spiegelt, sollten Sie mit ihm sprechen und ihm Ihre Gefühle über das, was Sie herausgefunden haben, mitteilen. Wenn Ihr Tier zum Beispiel scheu ist, lassen Sie es wissen, wie sehr Sie es lieben und sich wünschen, dass es glücklich ist. Erklären Sie, was Sie tun werden, um es zu schützen, so dass es sich sicher fühlen kann. Wenn es sagt, dass es Angst hat, von anderen Tieren angegriffen zu werden, können Sie ihm versprechen, die anderen Tiere unter Kontrolle zu halten, um das zu verhindern.

Wenden Sie intuitive Kommunikation an, um Ihrem Tier Anleitungen zu geben, was Sie möchten und weshalb Ihnen sein Verhalten nicht gefällt. Manchmal kann schon allein das ausführliche Gespräch mit einem Tier über ein bestimmtes Problem eine positive Wirkung zeigen.

Die Coach-Methode erweitern

Wenn Sie mit Ihrem Tier an einem Verhaltensproblem arbeiten, sollten Sie die Coach-Methode anwenden, die ich in Kapitel 5 beschrieben habe, und sie mit einer oder mehreren der folgenden Techniken erweitern: Auszeit, Veränderungen oder Konsequenzen, Neue Aufgabe und Neuer Name. Eine oder alle diese Techniken könnten für die Lösung des Problems hilfreich sein.

Vergessen Sie nicht, vielleicht noch eine Anzahl anderer Komponenten einzubringen, wie zum Beispiel ganzheitliche und Trainingsmethoden. Notieren Sie während der Entwicklung und dem Anfang Ihres Programms zur Verhaltensmodifizierung alle Details täglich in Ihrem Notizbuch, um alle Veränderungen zu überwachen, die als Reaktion auf Ihre Handlungen auftreten.

Zur Erinnerung hier noch einmal die Schritte der Coach-Methode:

- Glauben Sie daran, dass Ihr Tier sein Verhalten verbessern kann.
- Löschen Sie negative Gedanken über Ihr Tier, ersetzen Sie sie durch positive Gedanken und visualisieren Sie den bestmöglichen Ausgang der Situation.
- Sagen Sie Ihrem Tier, was Sie verändern wollen und wie Sie das erreichen wollen. Holen Sie sich sein Feedback und passen Sie Ihr Programm dem Feedback an.
- Zeigen Sie dem Tier Ihren Traum, wie es sein könnte (drehen Sie mentale Filme).
- Belohnen und loben Sie das Tier für die kleinste Verbesserung, die Sie bemerken.

Übung

Eine Auszeit geben

Falls Ihr Tier nach ein paar Anzeichen der Verbesserungen einen Rückschlag hat, lassen Sie es Ihre Gefühle über seinen Fehler wissen. Erklären Sie ihm, wie sehr Sie sich über die Fortschritte gefreut haben und wie enttäuscht Sie über den Fehler sind. Machen Sie Vorschläge, wie Ihr Tier denselben Fehler in Zukunft vermeiden kann. Geben Sie Ihrem Tier nach der Unterredung ein paar Minuten Auszeit (in einem abgetrennten Raum oder einem eingezäunten Gebiet) mit der Anweisung, über das nachzudenken, was passiert ist und wie es von jetzt an anders gemacht werden kann.

Übung

Veränderungen oder Konsequenzen

Diese Technik ist genau das, was ihre Bezeichnung ausdrückt. Sie besteht aus drei einfachen Schritten:

1. Sagen und zeigen Sie Ihrem Tier durch einen mentalen Film, was Sie verändern wollen. Vergewissern Sie sich, dass Sie bei der Entstehung des visuellen Films in Ihrer Vorstellung alles so fühlen, als würden Sie es real erleben.
2. Sagen und zeigen Sie Ihrem Tier, welche Konsequenzen es geben wird, wenn es sein Verhalten nicht ändert.
3. Erklären und zeigen Sie nun Ihrem Tier noch einmal, was Sie erreichen wollen. Bringen Sie diesmal alle schö-

nen Dinge mit ein, die geschehen werden, wenn Ihr Tier sein Verhalten ändert.

Übung
Dem Tier eine neue Aufgabe geben

Behandeln Sie die Verhaltensstörung, die Sie dem Tier abgewöhnen wollen, wie eine äußerst schlechte Stellenbeschreibung, die überarbeitet werden muss. Ein Kater, der die Wände markiert, denkt vielleicht, dass er eine notwendige Pflicht erfüllt: Nämlich die Wände markieren, damit das Haus nach ihm riecht, so dass keine anderen Katzen in die Nähe kommen. Ändern Sie diese Stellenbeschreibung so um, dass sie beiden – Ihnen und dem Kater – gerecht wird. In dem genannten Fall könnten Sie zum Beispiel folgende Änderung vornehmen: Der Kater markiert draußen ums Haus herum, damit die Katzen aus der Gegend wegbleiben, während das Haus sauber bleibt. Hier sind weitere Möglichkeiten: Ihr Hund, der Katzen jagt, wird zum Beschützer Ihrer Hauskatzen. Oder ändern Sie die Aufgabe, den Garten umzubuddeln, in eine neue Aufgabe um, bei der die Pflanzen unberührt blieben, während der Hund nur an einer bestimmten Stelle wühlt und dadurch dort die Erde auflockert. Sobald Sie die neue Stellenbeschreibung fertig gestellt haben, erklären Sie sie Ihrem Tier und stellen Sie sich dann vor, dass Ihr Tier seine neue Aufgabe ausführt.

Sie können auch eine andere Methode anwenden, um sich neue Aufgaben auszudenken, die Ihr Tier für Sie erledigen kann. Das ist vor allem dann nützlich, wenn die vorhandene Verhaltensstörung von einem Mangel an Aktivitäten oder Spannung im Leben des Tieres herrührt. Neue Aufgaben können alles sein, was Ihr Tier gern tun würde. Ich bitte meine Katzen zum Beispiel, mir beim Schreiben zu helfen, und meine Pferde, Leute für mich zu finden, mit denen ich ausreiten kann. Wenn Sie neue Aufgaben delegieren, sollten Sie den Überblick über die Aufgaben behalten. Notieren Sie sie auf einem Zettel und kleben Sie ihn an den Kühlschrank. Prüfen Sie, wie gut Ihr Tier die neue Aufgabe ausführt, und vergessen Sie nicht, ihm immer wieder Ihr Feedback zu geben.

Und so können Sie die Stellenbeschreibung für Ihr Tier bewerten und ändern:

- Fragen Sie das Tier, welche Aufgaben es für Sie ausführt. Schreiben Sie sämtliche Eindrücke auf, die Sie auf die Frage hin erhalten. Wenn Sie nichts empfangen, raten Sie, welche Aufgaben Ihr Tier gegenwärtig auszuführen glaubt.
- Fragen Sie Ihr Tier, welche Aufgabe es gern hätte. Notieren Sie die Ergebnisse.
- Erklären Sie, welche Aufgabe Sie gern auf Ihr Tier übertragen würden. Hierbei kann es sich um eine Aufgabe handeln, die das Tier schon übernommen hat (wie zum Beispiel den Garten umbuddeln), oder es kann eine neue Aufgabe sein. Eine Aufgabe kann etwas so Offensichtliches sein wie den Garten zu bewachen oder Ihnen Bewegung zu verschaffen. Es kann aber auch etwas Subtileres sein, wie zum Beispiel Ihnen zu helfen, den richtigen Lebensweg zu finden, oder Sie bei der Erziehung Ihrer anderen Tiere zu unterstützen.
- Fragen Sie Ihr Tier, ob ihm die neue Aufgabe gefällt, die Sie vorgeschlagen haben. Notieren Sie Ihre Wahrnehmungen oder raten Sie, welche Einstellung Ihr Tier zu diesen neuen Aufgaben hat.
- Geben Sie Ihrem Tier neue Aufgaben, bei denen Sie annehmen, dass es sie gerne übernimmt. Befreien Sie das

Tier von alten Aufgaben, die es nicht mehr ausführen will.

- Schreiben Sie die neuen Aufgaben auf und behalten Sie im Auge, wie es Ihrem Tier bei seinem neuen Job ergeht.
- Loben Sie Ihr Tier dafür, wie gut es seine neuen Aufgaben ausführt.

Übung
Dem Tier einen neuen Namen geben

Wenn Sie vermuten, der Name Ihres Tieres könnte ein Teil des Problems sein, dann geben Sie ihm für zwei Wochen einen neuen Namen und beobachten Sie, was passiert. Den Namen eines Tieres zu verändern kann eine völlig veränderte Persönlichkeit des Tieres nach sich ziehen und Verhaltensstörungen beseitigen. Vielleicht hat Ihnen der Name Ihres Hundes noch nie gefallen oder sein jetziger Name passt nicht wirklich. Dann ist es möglich, dass das nicht nur Ihnen so geht, sondern auch Ihrem Hund. Ich habe schon Tiere erlebt, die sich über Nacht änderten, sobald sie den Namen hatten, der zu ihnen passte.

Wenn Sie beschließen, den Namen zu ändern, müssen Sie Ihr Tier erst fragen, ob es seinen jetzigen Namen mag. Falls Sie das Gefühl bekommen, dass Ihrem Tier sein alter Name gefällt, sollten Sie es nicht umtaufen, solange Sie seinen jetzigen Namen nicht wirklich hassen. Wenn Sie seinen Namen nicht ausstehen können und es sich um einen Namen handelt, den das Tier schon hatte, als es zu Ihnen kam, dann sprechen Sie mit ihm und sehen Sie, ob Sie sich auf eine Namensänderung einigen können. Sollten Sie das Gefühl haben, dass Ihrem Tier sein derzeitiger Name nicht gefällt, dann suchen Sie nach einem neuen Namen. Erstellen Sie eine Liste der Namen, die Ihnen gefallen und die Ihre Wünsche und Überzeugungen in Bezug auf das, zu was Ihr Tier fähig ist, reflektieren. Fragen Sie dann das Tier nach seiner Meinung über die ausgesuchten Namen. Probieren Sie den Namen aus, der ihm gefällt, und achten Sie darauf, was passiert.

Vorschläge für bestimmte Fälle

Hier einige spezifischere Vorschläge, welche intuitiven Techniken sich bei ein paar der häufigsten Verhaltensstörungen eignen, die ich behandle. Wenden Sie diese Vorschläge zusammen mit der erweiterten Coach-Methode an, die ich oben beschrieben habe.

Mit aggressiven Tieren sprechen

Wie ich schon sagte, kann Aggression bei Tieren lebensgefährlich sein. Sie muss umgehend durch eine Kombination von Schutzmaßnahmen, positivem Training und ganzheitlichen Heilmitteln behandelt werden. Zusätzlich können auch intuitive Kommunikation und die Coach-Methode angewandt werden. Im Folgenden finden Sie noch einige zusätzliche Vorschläge, mit denen Sie das aggressive Verhalten Ihres Tieres ändern können. Wenn Ihr Tier aufgrund eines früheren Traumas aggressiv ist, sprechen Sie mit ihm über seine Gefühle und raten Sie ihm, wie es mit seiner Vergangenheit am besten umgehen sollte.

Hunde

Wenn Ihr Hund anderen gegenüber aggressiv ist, sagen Sie ihm, dass Sie ihn von nun an beschützen werden. Er braucht nicht länger die Führung zu übernehmen, weil Sie das von jetzt an tun. Sorgen Sie dafür, dass er immer in Sicherheit ist, indem Sie ihn von besonders aggressiven Tieren fernhalten. Falls Ihr Hund Menschen gegenüber aggressiv ist, erklären Sie ihm, dass seine Aggression nur dann angemessen wäre, wenn jemand Sie körperlich angreifen würde. Erklären Sie ihm, dass Sie wollen, dass er sich in allen anderen Fällen Menschen gegenüber neutral verhält. Versuchen Sie, die Techniken ›Veränderungen oder Konsequenzen‹, ›Neue Aufgabe‹ oder auch ›Neuer Name‹ auf Ihren Hund anzuwenden.

Pferde

Wenn Ihr Pferd Ihnen gegenüber übermäßig aggressiv ist, erklären Sie ihm, dass Sie das Problem mit mehreren Methoden behandeln werden und dass sein Verhalten nicht länger tragbar ist. Wenden Sie auf alle Fälle die Coach-Methode an und bei der Kommunikation auch die Veränderungen-oder-Konsequenzen-Technik. Ein positives und natürliches Pferdetraining ist nötig, um die Verhaltensstörung zu beseitigen. Auch müssen Sie gründlich überprüfen, ob es irgendwelche Schmerzen oder Beschwerden hat. Wenn Ihr Pferd anderen Pferden gegenüber übermäßig aggressiv ist, eignet sich die Coach-Methode und die Technik ›Veränderungen oder Konsequenzen‹. Sie können auch die anderen Pferde oder andere Tiere, die Ihr Pferd kennen, darum bitten, Ihr Pferd zu überzeugen, dass es sein Verhalten ändert. Kommunizieren Sie intuitiv mit ihnen, erklären Sie ihnen das Problem und bitten Sie sie um Unterstützung.

Katzen

Bei Katzen, die ihre Menschen kratzen und beißen, finde ich die folgende Verbindung aus Vokalisierung und intuitiver Kommunikation nützlich. Machen Sie Ihrer Katze unter Anwendung der Coach-Methode klar, dass die Attacken aufhören müssen, und erklären Sie, warum Sie nicht angegriffen werden wollen. Sagen Sie ihr, dass Sie ein sehr unangenehmes Geräusch machen werden, wenn sie beißt oder kratzt, aber dass Sie das unangenehme Geräusch nicht machen werden, wenn sie das Beißen oder Kratzen sein lässt. Schreien Sie beim nächsten Mal, wenn Ihre Katze zu einer Attacke ansetzt, so laut Sie können sofort streng »Ah, ah!«. Die erhoffte Reaktion der Katze ist Ekel und Entsetzen. Wiederholen Sie dies bei ihrem nächsten Angriffsversuch. Wenn Lautstärke und Timing richtig sind, brauchen Sie das Verhalten Ihrer Katze vermutlich nur ein paar Mal wirklich zu korrigieren. Danach müssen Sie wahrscheinlich nur noch »Ah, erinnere dich an unser Abkommen« in normalem Ton sagen, um jeglichen Gedanken an einen Angriff im Keim zu ersticken.

Kuh Nr. 553

Manchmal bringt die intuitive Kommunikation mit einem Tier über sein aggressives Verhalten eine drastische Besserung. Das war in der außergewöhnlichen Geschichte von Marie Rubin, die an einem meiner Kurse für Fortgeschrittene teilnahm, der Fall. Damals ging Maries Tochter aufs College und machte ein Praktikum auf einer Farm, auf der Black-Angus-Rinder gezüchtet wurden. Die Kühe der Farm trugen nummerierte Abzeichen im Ohr, damit der Farmer sie auseinanderhalten konnte. Maries Tochter rief sie an und bat sie, mit einer Kuh, die die Nummer 553 hatte, intuitiv zu kommunizieren. Sie war die Leitkuh der Herde und beschützte ihr Kälbchen sehr aggressiv. Alle hatten Angst vor Kuh Nr. 553, und wer sich ihr nähern musste, blieb nahe am Zaun, um schnell flüchten zu können, und benutzte andere Kühe als Puffer, um von ihr nicht angegriffen zu werden.

In meinem Kurs für Fortgeschrittene hatte Marie gelernt, aus der Ferne intuitiv mit einem Tier zu sprechen, das sie noch nie gesehen hatte und ohne ein Foto von dem Tier zu haben. Als Marie sich hinsetzte, um mit Nr. 553 zu kommunizieren, hatte sie fest vor, die Kuh zu ermahnen und ihr zu befehlen, Maries Tochter in Ruhe zu lassen. Doch als sie sich in Gedanken der Kuh vorstellte, erhielt sie ein Gefühl von Gelassenheit und Kooperation von dem Tier. Die Kuh und sie waren bloß zwei Mütter, die Erfahrungen austauschten und ihre Kinder beschützten. Die Tatsache, dass sie zwei verschiedene Spezies waren, machte keinen Unterschied. Marie machte der Kuh ein Kompliment über ihr hübsches Kalb und sprach dem Tier ihre Bewunderung darüber aus, wie gut es sich um sein Kind kümmere. Marie hatte das Gefühl, dass die Kuh sich darüber freute, und hörte Nr. 553 sie mental nach ihren eigenen Kindern fragen. Marie schickte der Kuh in Gedanken ein Bild ihrer Tochter – und erklärte, dass sie sich große Sorgen machte, weil ein paar der Kühe die Schüler bedrohten und Marie nicht da sein konnte, um ihre Tochter zu beschützen. Sie sagte Nr. 553 nicht direkt, dass sie die Kuh war, vor der alle Angst hatten. Dann schickte sie Nr. 553 ein mentales Bild, wie sie auf eine Kuh zu rannte und sie umwarf. Auf diese Weise zeigte sie der Kuh, wie sie ihre Tochter beschützen würde. Die Kuh schien davon beeindruckt zu sein und schickte Marie das Versprechen, dass sie nicht zulassen würde, dass eine Kuh Maries Tochter bedrohte. Marie dankte Nr. 553 für ihre Unterstützung.

Am nächsten Morgen rief Maries Tochter sie an und berichtete, dass alle Kühe zurückgewichen waren, als sie und eine zweite Praktikantin in die Ställe gekommen waren. Zuerst hatten die Praktikantinnen schreckliche Angst, da sie keine Puffer zwischen sich und Kuh Nr. 553 hatten und sich nirgendwo verstecken konnten. Doch Kuh Nr. 553 blieb ruhig in der Mitte des Stalls stehen und beschützte die beiden Mädchen. Weder Nr. 553 noch eine der anderen Kühe bedrängten Maries Tochter jemals wieder. Marie nahm noch ein paar Mal Verbindung zu Kuh Nr. 553 auf, um sich bei ihr für ihre Fürsorge zu bedanken.

Ein Tier mit Trennungsangst beruhigen

Egal ob es sich um ein Pferd oder einen Hund handelt: Eine der besten Methoden, Verhaltensstörungen aufgrund von Trennungsangst zu behandeln, ist, dem Tier zu sagen, wohin man geht und wie lange man wegbleibt. Pferde tendieren dazu, nervös zu werden, wenn sie ihre Freunde verlassen müssen. Bei Hunden zeigt sich das

Angstsyndrom, wenn sie zu Hause bleiben müssen und von ihren Besitzern getrennt werden. Immer wenn Sie Ihr Tier zu Hause lassen müssen, sollten Sie ihm erklären, wann Sie wieder zurück sein werden und warum das Tier nicht mitkommen kann. Das funktioniert auch bei Katzen. Auch wenn sie nicht wie Hunde nervös zu werden scheinen, können sie sich aufregen, wenn Sie das Haus verlassen. Versichern Sie einem nervösen Tier, dass Sie tagsüber intuitiv Verbindung zu ihm aufnehmen werden. Während Sie von zu Hause weg sind und sich die Gelegenheit ergibt, sollten Sie sich einen ruhigen Ort suchen, an dem Sie die Augen schließen und in Gedanken Kontakt zu Ihrem Tier aufnehmen können. Stellen Sie sich vor, dass Ihr Tier direkt vor Ihnen steht oder sitzt. Begrüßen Sie es mental oder laut und sagen Sie ihm, wie es Ihnen geht und wann Sie nach Hause zurückkommen. Stellen Sie sich das Tier ruhig und entspannt vor, und schicken Sie ihm Ihre Liebe. Mit Tieren intuitiv zu sprechen, die unter Trennungsangst leiden, kann äußerst hilfreich sein, wenn es zusammen mit anderen Heilmethoden ausgeführt wird, die im Quellenverzeichnis aufgelistet sind.

Katzen ungewöhnliches Urinieren abgewöhnen

Wenn Sie sich vergewissert haben, dass das ungewöhnliche Urinieren Ihrer Katze kein körperliches Symptom ist, können Sie durch Kommunikation herausfinden, was Ihr Tier stört. Wenn es uriniert, um sein Territorium abzugrenzen, dann sprechen Sie mit ihm darüber und bieten Sie ihm Alternativen wie die Änderung der Stellenbeschreibung an, damit es nur noch außerhalb des Hauses markiert. Falls die Katzen in Ihrem Haushalt sich nicht vertragen, sehen Sie unter Kapitel 4 nach, wie Sie Friede im Haus herstellen können. Wenn Sie den Eindruck haben, dass Ihre Katze aus irgendeinem Grund verärgert oder wütend auf Sie ist, diskutieren Sie die Situation gründlich mit ihr. Bieten Sie ihr Kompromisse und alle Lösungsvorschläge an, die Ihnen einfallen.

Bei Katzen, die nur im Haus gehalten werden, sollte man sich überlegen, ob man ihnen nicht eine Art sicheren Freisitz anbieten kann. Eines der besten Mittel, das zu tun, ist eine Katzeneinzäunung, innerhalb deren das Tier einen sicheren Zugang zum Garten hat. Das kann das Problem des Urinierens über Nacht lösen. Falls Sie eine solche Einzäunung für die Katze errichten wollen, sagen Sie ihr, Sie wünschen sich im Gegenzug für diese nette Geste, dass sie nicht mehr ins Haus pinkelt. Siehe Quellenverzeichnis für weitere Infos über Katzenzäune und andere Ideen.

Einen Hund stubenrein bekommen

Überprüfen Sie wie bei Katzen auch bei Ihrem Hund, dass es sich nicht um ein Körpersymptom handelt. Wenden Sie dann die Coach-Methode und ein gutes positives Trainingsprogramm an, um einen Hund stubenrein zu bekommen – egal wie alt er ist. Es funktioniert auch bei Hunden, die seit Jahren nicht stubenrein sind.

Auf Rufen kommen

Wenden Sie die Coach-Methode und die Techniken an, die auf dem Video *Really Reliable Recall* (siehe Quellenverzeichnis) gezeigt werden, um Ihren Hund dazu zu bringen, sofort auf Ihren Ruf zu reagieren und zu kommen.

Dem Dauerbellen ein Ende setzen

Wenn der Dauerbeller Ihr eigener Hund ist, gibt es viele gute Trainingsführer, wie Sie dem Bellen ein Ende setzen können. Auch können Sie intuitiv mit Ihrem Hund über das Bellen sprechen (so wie in der folgenden Geschichte über Buster).

Falls der bellende Hund einem Nachbarn gehört, wird die Sache komplizierter. Sprechen Sie in diesem Fall intuitiv mit dem Hund und erklären Sie ihm, warum Sie das ständige Bellen nicht aushalten und sich wünschen, dass er damit aufhört. Sagen Sie dem Hund dann, dass Sie ihm eine Belohnung geben werden, wenn er sein Bellen einschränken kann. Wählen Sie die Belohnung, die Ihnen am besten erscheint: ein gesundes Leckerchen, regelmäßige Streicheleinheiten und Gespräche, ihm Ihre Liebe senden, mit seinem Herrchen oder Frauchen darüber sprechen, ob man nicht öfter mit ihm spazieren gehen könnte und so weiter. Halten Sie unbedingt Ihr Versprechen! Stellen Sie sich auch vor, dass der Hund ruhig, still und zufrieden ist. Sie können sich für den Hund außerdem ein besseres Leben visualisieren und ihm sagen, er solle sich das selbst vorstellen. Schon viele Leute, die ich kenne, waren mit diesen Techniken erfolgreich.

Buster

Der folgende Bericht zeigt, wie Rebecca Trono es schaffte, ihrem Hund Buster das Bellen abzugewöhnen. Rebecca und ihr Mann hatten ein paar Gäste zum Abendessen eingeladen. In der Woche vor dem Besuch hielt Rebecca eine Reihe von intuitiven Gesprächen mit Buster ab, um ihn auf das Eintreffen der Gäste vorzubereiten. Gewöhnlich bellte Buster stark, wenn Leute ins Haus kamen. Rebecca begann ihre Sitzungen, indem sie Buster mentale Bilder der Gäste sendete, die sie eingeladen hatte, und ihm dazu ihre Namen nannte. Sie zeigte ihm, dass es angenehm und lustig sei, die Gäste im Haus zu haben, und erklärte ihm, dass ihre Freunde Spaß haben und das Abendessen genießen sollten. Die Besucher würden niemandem Schaden zufügen, und deswegen brauche er nicht zu bellen. Sie erlaubte ihm, kurz anzuschlagen und damit zu melden, wenn die Gäste eintrafen, doch er sollte ruhig sein, sobald sie das Haus betreten hatten. Dann stellte sie sich vor, wie alle Leute im Haus sich umarmten, lächelten und sich entspannten, und schickte Buster ein Gefühl von

Liebe und Stolz darüber, dass er auf das Bellen bei der Ankunft ihrer Gäste verzichtet hatte.

Rebecca erzählte ihrem Mann davon, wie sie Buster mental auf den Abend vorbereitete. Er lachte herzlich und sagte: »Viel Glück!«

Am Abend der Einladung kamen die Gäste. Buster sprang auf, ging hinaus in den Windfang, beschnüffelte die Gäste, denen er noch nie begegnet war, gelassen und desinteressiert und begab sich dann wieder ins Wohnzimmer. Er hatte nicht ein einziges Mal gebellt! Wie ihr Mann sagte, hätte er es in hundert Jahren nicht geglaubt, wenn er es nicht selbst erlebt hätte.

Danach trafen Rebecca und Buster eine Abmachung. Er durfte ein paar Mal kurz anschlagen, wenn jemand an die Haustür kam, doch wenn Leute nur am Haus vorbeigingen, würde er von nun an nicht mehr bellen. Er durfte zwar brummeln, so viel er wollte, aber knurren durfte er nicht. Sie schickte ihm intuitive Bilder, wie er bellte, wenn jemand an der Haustür war, und still blieb, wenn jemand nur am Grundstück vorbeilief. Jedes Mal, wenn er sich an die Vereinbarung hielt, überschüttete sie ihn mit Lob und schickte ihm viel Liebe und das Gefühl, dass sie stolz auf ihn war. Sie sendete ihm aber auch Visualisierungen, in denen er sich nicht an die Abmachung hielt und ihre Gefühle der Enttäuschung und des Frusts. Erstaunlicherweise stellte sie innerhalb von wenigen Tagen fest, dass Buster sich an die Abmachung hielt. Wenn er heute immer mal wieder einen Fehler macht, braucht sie bloß noch zu sagen: »Oh oh, Bus-

Rebecca mit ihren Hunden

ter, erinnere dich an unsere Abmachung!« Dann hört er sofort auf zu bellen.

In der Erde buddeln

Wenden Sie die Coach-Methode und die Technik der neuen Aufgabe an, um für Ihr Tier das Wühlen neu zu definieren. Machen Sie eine sinnvolle Tätigkeit daraus, die an bestimmten, von Ihnen genannten Stellen ausgeführt werden soll. Erklären Sie Ihrem Hund, dass er Ihnen hilft, wenn er nur dort den Boden aufwühlt. Zeigen Sie ihm mentale Bilder des restlichen Gartens ohne Wühllöcher. Lenken Sie den Hund weg von den Stellen, die er nicht aufwühlen soll, hin an die Stellen, für die Umgraben nützlich ist, indem Sie dort einen Knochen oder Ähnliches vergraben, und loben Sie Ihren Tierkameraden liebevoll, wenn er dort gewühlt hat, wo es erwünscht ist.

Weglaufen

Verwenden Sie die Coach-Methode, um herauszufinden, warum Ihr Tier von zu Hause wegläuft. Entwickeln Sie nun ein Managementprogramm, um das Problem zu lösen. Bauen Sie einen lustigen und positiven Trainingsunterricht in das Programm ein.

Pferde, die Angst vor dem Transport haben

Probieren Sie die folgenden intuitiven Methoden an einem Pferd aus, das Angst hat, in einen Anhänger verfrachtet zu werden. Erklären Sie dem Pferd, wohin die Fahrt geht, was Sie vorhaben und wie lange Sie dort bleiben werden. Versprechen Sie dem Pferd Dinge, die auf der Reise angemessen sind. Wenn Sie zum Beispiel nach der Pferdeausstellung direkt wieder nach Hause fahren, dann versprechen Sie dem Tier das. Versprechen Sie ihm auch, langsam und vorsichtig zu fahren. Zeigen Sie ihm dann ein Leckerchen und ermutigen Sie es sanft, in den Pferdehänger zu steigen. Sagen Sie ihm, dass es sich Zeit nehmen kann. Atmen Sie ruhig durch und entspannen Sie sich. Wenn das Pferd einsteigt, geben Sie ihm das Leckerchen und halten Sie ein weiteres bereit, um ihm schmackhaft zu machen, im Anhänger weiter nach hinten zu gehen. Wenn es dazu bereit ist, können Sie es im Anhänger festbinden, doch wenn es rückwärts wieder aussteigen will, dann erlauben Sie ihm das, damit es weiß, dass es nicht gefangen ist. Als Anreiz, in den Hänger zu steigen, kann jemand hinter dem Anhänger stehen und sanft einen Strick kreisen lassen; das Pferd wird instinktiv vor dem Strick zurückweichen und auf den Anhänger zugehen. Wenden Sie außerdem die mentalen Filme an, die unter der Coach-Methode beschrieben werden.

Scheuen, Buckeln und sich Aufbäumen

Diese Verhaltensweisen können körperliche Ursachen haben, die Sie als Erstes ausschließen sollten. Wenden Sie dann positives Training und die Coach-Methode an, um die Probleme zu lösen.

Tiere mit Berührungsängsten

Wenn Sie ein Tier haben, das sich nicht gern anfassen lässt, dann müssen Sie herausfinden, welche schlechten Erfahrungen es damit möglicherweise in der Vergangenheit gemacht hat, und ihm zusichern, dass Sie alles tun werden, damit das nie mehr passiert. Sprechen Sie mit Ihrem Tier darüber, warum Sie es gern streicheln und mit ihm schmusen. Sagen Sie ihm, dass Sie es jede Woche etwas länger und an einer anderen Körperstelle streicheln wollen. Fragen Sie es, ob es damit einverstanden ist. Dann dehnen Sie die Streicheleinheiten ganz langsam aus. Loben Sie Ihr Tier immer wieder und danken Sie ihm, während Sie es streicheln. Tun Sie nur das, was Ihr Tier bereitwillig annimmt.

Hunde, die sich Katzen gegenüber aggressiv verhalten

Ein Hund, der Katzen totbeißt, lässt sich nur schwer ändern. Ich habe eine Klientin, die das geschafft hat – doch nicht, ohne noch ein paar Katzen zu verlieren. Wenn Ihr Hund Katzen gegenüber nur aggressiv ist, dann können Sie die Coach-Methode, Training und ganzheitliche Mittel anwenden, um das Problem anzugehen. Halten Sie den Hund so lange mit einer Leine und einem weichen Maulkorb unter Kontrolle, bis Sie sich ganz sicher sein können, es nicht mit einem Hund zu tun zu haben, der Ihre Katzen töten wird.

Jasmine

Die professionelle Tierkommunikatorin Pamela Ginger Flood konnte einen geretteten Hund, der Katzen gegenüber aggressiv war, durch eine Kombination aus Training und intuitiver Kommunikation ändern. Jasmine, ein Schäferhund-Rottweiler-Mischling, sollte im Tierheim eingeschläfert werden. Eine ehrenamtliche Tierheimmitarbeiterin rief Pamela an und fragte, ob sie Jasmine aufnehmen und der Hündin dadurch das Leben retten könnte. Pamela nahm Jasmine auf, und nach sechs Monaten guter, natürlicher Ernährung, Auslauf und Kräutern war aus Jasmine eine neue, gesunde Hündin geworden. Es gab jedoch einen Haken: Jasmine war sehr aggressiv Katzen gegenüber, und Pamela hatte zwei Katzen. Die Hündin war ihr dankbar dafür, dass Pamela ihr das Leben gerettet hatte, und wollte unbedingt bei ihr bleiben. Daher traf Pamela mit Jasmine durch intuitive Kommunikation ein Abkommen: Die Hündin durfte bleiben, solange sie die Katzen völlig ignorierte. Jede aggressive Verhaltensweise gegenüber den Katzen würde die Nichteinhaltung dieses Abkommens bedeuten. Jasmine erklärte sich dazu bereit. Anfangs nahm sie in der Gegenwart einer Katze die Alarmhaltung ein, doch ein kurzes »Jasmine!« genügte, damit sie sich sofort wieder hinlegte und den Kopf auf den Boden legte. Die Katzen fanden schnell heraus, dass Jasmine sie nicht auffressen durfte, und so wurden sie richtig frech. Sie stolzierten dicht vor ihrer Schnauze herum und schlugen mit dem Schwanz nach ihr. Jasmine bekam dann immer ganz große Augen, und sie sah Pamela flehend an, doch sie rührte sich nicht. Ungefähr sechs Monate später adoptierte Pamela eine weitere Katze. Jasmines erste Reaktion war: »Aber die hier zählt nicht, oder?« Doch Pamela versicherte ihr, dass diese Katze genauso zählte. Die Hündin stieß einen lauten Seufzer aus und ließ auch die neue Katze in Ruhe. Jasmine hat nie mehr eine Katze gejagt.

Wie ein Tierkommunikator helfen kann

Wenn Sie alles versucht haben und nichts gefruchtet hat, oder wenn Sie gern etwas professionelle Unterstützung bei dem Verhaltensproblem Ihres Tieres hätten, können Sie auch eine Tierkommunikatorin oder einen Tierkommunikator zu Rate ziehen. Sie sollten sich die Zeit nehmen, entweder jemanden zu finden, der Ihnen empfohlen wurde oder der eine gute Erfolgsrate bei der Lösung von tierischen Verhaltensproblemen aufweisen kann.

Die Geschichte einer reformierten Wäschediebin

Die folgende Geschichte zeigt, wie sich intuitive Kommunikation anwenden lässt, um einen ziemlich ungewöhnlichen Verhaltensfehler zu korrigieren: Das Wäscheklauen. Anna Patient rief mich an, um eine Sitzung mit ihrer Katze abzuhalten, die es sich angewöhnt hatte, die Wäsche der Nachbarn zu stehlen. Wie Anna berichtete, hatte Bushras unangenehme Angewohnheit gleich nach ihrem Einzug in ein neues Haus begonnen. Bushra hatte damit angefangen, die Wäsche aus der Waschmaschine im Keller zu holen und sie in der Wohnung zu verstreuen. Das erste Mal, als sie das tat, war Anna übers Wochenende verreist, und ihre Katzen wurden von einer Nachbarin versorgt. Anna war entsetzt, als sie nach Hause kam, einen BH unter dem Esstisch vorfand und mehrere Unterhosen auf den Treppenstufen einsammelte. Es dauerte eine Weile, bis sie darauf kam, wie das passiert war, und es waren einige Erklärungen notwendig, um die Nachbarin zu überzeugen, dass die Katze dahintersteckte!

Das Problem eskalierte, als Anna wieder umzog. Diesmal zog sie in eine Erdgeschosswohnung in einer ländlicheren Gegend. Bei schönem Wetter hängten die Nachbarn ihre Wäsche im Garten auf, und Bushra brachte alle möglichen Kleidungsstücke mit nach Hause. Am Ende des Sommers hatte Anna einen ganzen Sack voller alter Socken, Boxershorts, Slips, Geschirrtücher und Gartenhandschuhe. Die größten Wäschestücke, die Bushra mit nach Hause brachte, waren ein Handtuch und ein T-Shirt. Alles wäre in Ordnung gewesen, wenn nicht eine Nachbarfamilie unangenehm geworden wäre. Sie begann, Wäsche mit ihrem Namen versehen draußen aufzuhängen, um Anna zu verstehen zu geben, dass es ihre Wäschestücke waren.

Bushra

Die Nachbarn setzten ihr ein Ultimatum: Entweder würde Bushra aufhören, ihre Wäsche zu klauen, oder sie müsste verschwinden. Das war der Zeitpunkt, an dem Anna mich anrief. Ich sprach mit Bushra, erklärte ihr die Situation und was sie daran ändern musste. Wie Anna mir hinterher berichtete, hörte Bushra nach unserer Sitzung auf, die Wäsche der Nachbarn zu stibitzen. Wie ich Anna geraten hatte, visualisierte sie nach meiner intuitiven Beratung, dass Bushra immer direkt am Haus der unangenehmen Nachbarn vorbeiging. Auch legte Anna täglich eigene Socken in den Garten, damit Bushra sie einsammeln konnte, denn die Katze hatte mir zu verstehen gegeben, dass sie ihre Schätze weiterhin finden und nach Hause bringen wollte. Wie Anna sagte, schien Bushra sich mit dieser Lösung zufrieden zu geben, solange die Socken regelmäßig gewaschen wurden, da Bushra frisch gewaschene Wäsche bevorzugte.

7

Einem Tier in Not helfen

Die Geschichten in diesem Kapitel stammen von Menschen, die nicht anders sind als Sie und ich. Sie haben nur gelernt, intuitiv zu kommunizieren – so wie Sie es auch lernen können –, und sie haben diese Fähigkeit angewandt, um Tieren in Tierschutzeinrichtungen oder Krisensituationen zu helfen. Während Sie die folgenden Berichte lesen, werden Sie lernen, wie es geht und welche Wunder möglich sind, wenn man mit einem Tier die intuitive Verbindung aufnimmt. Hier sind zwei Geschichten von meiner ehemaligen Schülerin Kate Wilcox, die heute als professionelle Tierkommunikatorin tätig ist. Nachdem Hurrikan Katrina gewütet hatte, reiste Kate nach Biloxi, Mississippi, um bei der Rettung der Tiere mitzuhelfen.

Wie Tiere nach dem Hurrikan Katrina gerettet wurden

Kate traf zwei Monate, nachdem Hurrikan Katrina an der Golfküste der USA gewütet hatte, in Biloxi ein. Der Tierrettungstrupp, mit dem sie zusammenarbeitete, stellte Fallen auf, um die Tausende von Tieren einzufangen, die durch Katrina ihr Zuhause verloren hatten. Im Osten von Biloxi ging eine Hündin in eine der Fallen. Sie war am Durchdrehen, und Kate merkte, dass sie ihr helfen musste.

Die Tierschützer glaubten, die Hündin sei bloß verwildert, hungrig und vom Hurrikan traumatisiert, doch Kate spürte intuitiv, dass die Hündin noch etwas anderes belastete. Das Tier speichelte, knurrte wütend und versuchte verzweifelt, sich aus der Falle zu befreien. Kate nahm intuitive Verbindung zur Hündin auf und sagte ihr, dass sie wusste, dass die Hündin aus der Falle befreit werden müsste, und dass sie ihr helfen würde. Sie legte dem Tier eine Leine an und führte sie aus der Falle heraus. Dann untersuchten Kate und ein Tierarzt der Gruppe den Hund, doch sie konnten keine Verletzungen feststellen. Kate hatte plötzlich das starke Gefühl, dass die Hündin irgendwo Welpen versteckt hatte. Der Tierarzt teilte ihre Meinung nicht. Er sagte, die Brustwarzen der Hündin seien eingetrocknet und es gäbe keine körperlichen Anzeichen einer Schwangerschaft, doch Kate war sicher, dass die Hündin Welpen hatte. Sie wies das Tier intuitiv an, mit ihr die Babys suchen zu gehen.

Kate und Hundemutter

Die Hündin rannte los und zerrte Kate durch Brombeerbüsche, in kaputte Autos, unter Schrotthalden und durch Gebüsch, durch das Kate auf dem Bauch robben musste. Kate merkte, dass die Hündin sie loswerden wollte, doch sie bat das Tier immer wieder, zu den Welpen zu gehen, und versicherte ihr, dass sie ihnen helfen würde. Schließlich brachte die Hündin sie zu einem Haus, das von seinem Fundament weggebrochen war. Als die Hündin mehrmals das Haus umkreiste, wusste Kate, dass die Welpen sich unter dem Haus befanden.

Der Tierarzt, der mitgekommen war, setzte die Hündin in eine Hundebox, und Kate ging noch einmal ums Haus und lauschte. Sie hörte ein Geräusch auf der anderen Seite des Gebäudes. Sie hatte Angst, unter das Haus zu kriechen, weil es schon fast völlig eingestürzt war, aber dennoch legte sie sich auf den Bauch und robbte unter die Ruine. Sie stieß immer wieder mit der Nase an die Bodenträger und musste bäuchlings ausweichen. Schutt und Staub krochen in ihr Hemd und ihre Hose, aber sie wusste genau, dass die Welpen da waren, da sie ihr Winseln nun deutlich hören konnte.

Kate mit einem der Welpen

Schließlich fand sie die Stelle, wo die Hundemutter ein Loch gegraben hatte. Darin hockten zitternd acht Welpen, die ungefähr drei Stunden alt waren. Kate schaffte es, sich umzudrehen und ihr Flanellhemd zu öffnen. Sie legte sich die Welpen auf den Bauch, knöpfte sie in ihr Hemd und rutschte auf dem Rücken unter dem Haus hervor. Als sie der Hundemutter ihre Babys übergab, sah die Hündin Kate mit einem so intensiven Blick des Vertrauens und der Dankbarkeit an, dass Kate anfing zu weinen und gleichzeitig eine Gänsehaut bekam.

Bei einer anderen Rettungsaktion arbeitete Kate mit einem Team zusammen, das aus einem Tierarzt aus Washington, zwei Tierschützern aus Boston, mehreren Tierrettern aus der Gegend und zwei Fotojournalisten bestand. Sie alle hielten Kate für die Durchgeknallte aus Kalifornien, die steif und fest behauptete, mit Tieren kommunizieren zu können. Das Team fing herrenlose Hunde ein, die in Rudeln durch die Straßen von Biloxi liefen. Ein Rudel hatte sich in Wohngebäude im Osten Biloxis eingenistet, und die Bewohner, die ihre Häuser wieder beziehen wollten, konnten wegen der Hunde die Häuser nicht mehr betreten. Das Team versuchte seit drei Tagen, dieses Hunderudel zu fangen. Die meisten der Hunde wiesen Verletzungen wie zum Beispiel Beinbrüche, offene Wunden, Abschürfungen und Bisswunden auf.

Das Rettungsteam konnte alle Hunde außer einem kleinen Terriermischling fangen. Der Terrier war sehr schnell und traute keinem Menschen. Seine Augenlider bluteten, und er hatte eine lange Schnittwunde von der Brust bis zum Bauch. Der Mitarbeiter der Tierrettungsstation hatte erfolglos versucht, ihn mit einem Häscher einzufangen. Der Hund ging trotz der verlockenden Steaks nicht in die Falle. Er war nervös, weil die anderen Hunde seines Rudels schon zur Tierrettungsstation gebracht worden waren und er nun auf sich gestellt war.

Toto

Kate ging zu einem verlassenen Grundstück neben dem Haus, in dem er sich versteckte, und setzte sich auf den Rasen. Sie erklärte dem Hund intuitiv, dass sie ihm nichts tun würde und dass sie sich um ihn kümmern würde, wenn er zu ihr herauskam. Sie sagte ihm auch, dass seine Rudelfamilie in der Rettungsstation untergebracht war, und dass es für ihn sehr schwer sein würde, allein zu überleben. Dann streckte er den Kopf unter dem Haus hervor, wo er untergeschlüpft war. Zum Erstaunen aller schlich er sich langsam zu der Stelle, an der Kate saß. Sie breitete die Arme aus, und der Hund kroch auf ihren Schoß. Sie hielt ihn fest und umarmte ihn intuitiv mit ihrem Herzen. Der Tierschutzmitarbeiter kam angerannt und wollte den Terriermischling in eine Hundebox sperren, doch der

Hund ließ es nicht zu. Er spürte, dass Kate ungefährlich war, und hielt sich an sie. Kate öffnete die Tür ihres Kleinlasters, und der Hund sprang in den Wagen. Er setzte sich auf die Konsole und ließ Kate nicht mehr aus den Augen. Sie brachte ihn zur Rettungsstation, wo seine Verletzungen versorgt wurden. Niemand meldete sich, der diesen Hund suchte. Daher nahm Kate ihn mit.

Sie nannte ihn Toto. Die beiden sind nicht mehr in Biloxi, und er ist ihre große Liebe geworden.

Wie man geretteten Tieren hilft

Es gibt viele Möglichkeiten, wie man geretteten Tieren durch intuitive Kommunikation helfen kann. Man kann einem Tier helfen zu verstehen, was mit ihm passiert und warum es gerettet wird. Man kann es beraten und ihm dabei helfen, emotional mit der Situation fertig zu werden, und man kann ihm erklären, was es tun muss, um ein gutes Zuhause zu finden. Wenn man mit geretteten Tieren und Tieren aus dem Tierheim arbeitet, wendet man die Techniken zur Kontaktaufnahme und Kommunikation mit fremden Tieren an, die in Kapitel 4 erläutert werden. Am Ende dieses Kapitels gebe ich noch ein paar Tipps, wie man das tun kann. Die folgenden Geschichten sind Beispiele dafür, wie Menschen gerettete Tiere durch intuitive Kommunikation unterstützt haben.

Nachdem Natalie Haylar meinen Ratgeber gelesen hatte, beschloss sie, mit den Tieren in dem Tierheim, in dem sie an jedem Wochenende ehrenamtlich arbeitete, zu sprechen. Wie sie mir erzählte, wandte sie meine Techniken an jedem der Hunde im Tierheim an. Einmal rannte einer der Mitarbeiter erschrocken zu Natalie hin, weil sie zwei Hunde streichelte, die als aggressiv und gefährlich galten. Der Mitarbeiter staunte, da sich die Hunde ihr gegenüber wie verspielte Welpen verhielten. Sobald die Hunde den Mitarbeiter sahen, fingen sie an zu bellen und die Zähne zu fletschen. Die Situation sah recht gefährlich aus, doch dann ging die Hündin zu Natalie zurück und schmiegte sich an sie, um noch mehr Streicheleinheiten zu bekommen. Der Mitarbeiter lief ins Büro des Tierheims und holte die Leiter, damit auch sie sehen konnten, was für ein Wunder sich da draußen abspielte. Alle Mitarbeiter des Tierheims staunten und fragten Natalie, wie sie das Vertrauen der beiden Hunde gewonnen habe. Wie Natalie ihnen erklärte, hatte sie den Hunden bloß gesagt, dass sie schön seien und dass sie sich freuen würde, wenn sie ihnen Leckerchen geben dürfte und Zeit mit ihnen verbringen könnte. Erst konnten die Mitarbeiter es nicht glauben, doch dann beschlossen sie, es selber auszuprobieren und mit den Hunden des Tierheims zu sprechen.

Skyler

Auch Rebecca Trono arbeitet mit ihrem Tierheim zusammen. Rebecca ist eine Energieheilerin[1] und hat sich intuitive Kommunikation als weitere Fähigkeit im Umgang mit Tieren angeeignet. Eines Tages bat ein Verhaltenstherapeut des Tierheims Rebecca, sich mit einem kleinen weißen Welpen namens Skyler zu befassen. Er war ungefähr acht Monate alt und war von seinen Besitzern abgegeben worden, weil er ständig biss und alles hütete. Mittlerweile war es so schlimm geworden, dass Skyler alle möglichen Gegenstände – sogar weggeworfene Papiertaschentücher –, die irgendwo herumlagen, bewachte und mit heftigen, schmerzhaften Bissen verteidigte. Seine Besitzer fühlten sich nicht imstande, mit diesem Verhaltensproblem umzugehen, das sie vielleicht sogar unwissentlich herbeigeführt hatten, und so hatten sie Skyler widerwillig ins Tierheim gebracht.

Als Rebecca Skyler kennenlernte, raste er im Zimmer umher, während sie auf einem Hundebett saß und eine Energieheilsitzung mit ihm machte. Sie hoffte, ihn dadurch zu beruhigen. Rebecca beobachtete den Hund, ohne es ihn merken zu lassen; dabei hielt sie die Augen fast geschlossen und tat so, als würde er sie kein bisschen interessieren. Skyler versuchte alles, was ihm einfiel, um sie auf sich aufmerksam zu machen. Er brachte ihr sogar ein Gummispielzeug, das er ihr auf den Schoß legte. Rebecca wusste, dass er sie damit locken wollte, und dass sie heftig gebissen würde, wenn sie versuchte, das Spielzeug anzufassen. Also ignorierte sie es.

Nach einigen Minuten begann sie, mit ihm zu kommunizieren. Sie stellte sich vor und sagte ihm, dass der Verhaltenstherapeut sie gebeten hatte, sich mit Skyler zu unterhalten. Sie fragte ihn, ob er wüsste, warum er jetzt im Tierheim gelandet war. Rebecca erhielt von Skyler keine Antwort. Er flitzte nur weiter durch das Zimmer und starrte aus sämtlichen Fenstern. Sie erklärte ihm, dass sein Beißen ihn ins Tierheim gebracht hatte, und dass sich die Mitarbeiter Sorgen um ihn machten. Keine Reaktion. Dann sagte sie: »Skyler, du *musst* aufhören, Menschen zu beißen. Wenn du damit nicht aufhörst, müssen die Leute hier dich einschläfern lassen.« Sofort hörte sie die Worte: »Na und?«, und erhielt den intuitiven Eindruck, dass ihre Warnung ihn nicht im Mindesten interessierte. Daher erwiderte sie: »Nein, du hast es nicht begriffen. Ich meine, dass sie dich töten werden, Skyler, wenn du nicht aufhörst, Menschen zu beißen und alle möglichen Sachen zu bewachen. Dann wird man deine körperliche Inkarnation beenden, und du wirst zurückgeschickt, um noch einmal von vorne anzufangen.« Auch wenn sie als Antwort keine Worte empfing, spürte sie Nachdenklichkeit, so als hätte Skyler diese Information wirklich aufgenommen und verstanden. Sie beendete die Energieheilsitzung und die intuitive Kommunikation mit dem Hund, dankte ihm für die Chance, Zeit mit ihm zu verbringen, und sagte ihm, sie hoffe, dass er sein Leben positiv verändern werde.

Zwei Wochen später kam sie ins Tierheim zurück und unterhielt sich mit dem Verhaltenstherapeuten, der sie gebeten hatte, mit Skyler zu sprechen. Sie fragte, wie es Skyler gehe. Der Mann antwortete: »Sein Verhalten hat sich beinahe unmittelbar nach Ihrer Sitzung mit ihm geändert. Er machte sehr gut beim Training mit, und wir konnten ihm sogar ein neues Zuhause vermitteln.«

Kyle und Tiffany

Durch ihre Arbeit im Tierheim schaffte Rebecca es auch, zwei Katzen zu helfen, die niemand aufnehmen wollte, was allen Mitarbeitern ein Rätsel war.

Kyle und Tiffany waren seit circa fünf Monaten im Tierheim. Wie die Mitarbeiter immer wieder sagten, wunderten sie sich über den langen Aufenthalt der Katzen im Tierheim. Obwohl sie ein Pärchen waren, das zusammen vermittelt werden musste, waren beide so tolle Katzen, dass alle Mitarbeiter dachten, sehr schnell ein neues Zuhause für die beiden Tiere zu finden. Kyle und Tiffany saßen direkt hinter dem Anmeldetisch in einem großen Drahtkäfig im Empfangsraum des Tierheims. Sie waren die ersten Tiere, die Besucher beim Hereinkommen sahen, und waren die Lieblinge des Personals geworden.

Eines Tages ging Rebecca, nachdem sie an den meisten anderen Tieren im Tierheim Energieheilung angewandt hatte, zu Kyles und Tiffanys Käfig. Sie sendete ihnen Energieheilung und erfreute sich an dem stillen, ruhigen Augenblick. Damals hatte Rebecca gerade erst angefangen, als Tierkommunikatorin zu arbeiten, und hatte noch nicht viel Erfahrung oder Selbstbewusstsein auf dem Gebiet. Doch als Übung begann sie ein intuitives Gespräch mit den beiden Katzen, ohne sich daraus etwas zu erhoffen. Sie erklärte ihnen, dass die Mitarbeiter sich Sorgen um sie machten, weil sie schon so lange im Tierheim waren. Auch erklärte sie ihnen, dass es die Aufgabe des Tierheims war, ihnen ein Zuhause »für immer« zu vermitteln, damit sie vorankommen würden. Plötzlich »hörte« sie eine schöne weibliche Stimme mit britischem Akzent voller Panik fragen: »Meinst du von hier *weggehen,* meine Liebe?« Rebecca hielt inne und dachte, sie hätte sich entweder verhört oder sich die Stimme nur eingebildet. Doch dann beschloss sie, weiterzumachen, für den Fall, dass sie tatsächlich mit den Katzen kommunizierte.

Also antwortete sie: »Ja, das meine ich.« Dann hörte sie: »Aber warum sollten wir das tun, meine Liebe? Wir sind doch berühmt!« Das Wort ›berühmt‹ überraschte sie zwar, doch sie machte weiter, auch wenn sie kaum glauben konnte, was sie da empfing.

Sie erklärte den Katzen noch einmal das Anliegen des Tierheims und sagte, dass man ein schönes Zuhause für Kyle und Tiffany finden wollte. Tiffany erwiderte: »Aber warum sollten wir in ein anderes Zuhause wollen, wo wir den ganzen Tag allein gelassen werden? Hier bekommen wir so viel Aufmerksamkeit, alle lieben uns, wir sind die ersten Katzen, die die Leute sehen, wenn sie hereinkommen – und außerdem sind wir hier *berühmt!*«

Rebecca beschrieb den Katzen, wie schön es für sie wäre, wenn ein lieber pensionierter Mensch sie aufnehmen würde – jemand, der ihnen behagliche Fenstersitze bieten könnte, Hühnerleber für sie kochen würde und sie den ganzen Tag über striegeln, streicheln und lieb haben würde. Sie fragte die Katzen, was sie davon hielten. Dann meldete sich eine ganz leise männliche Stimme: »Ach ja, das wäre schön!« Sie riet den Katzen, ihre Sehnsucht nach einem solchen Zuhause ins Universum auszusenden, damit ihr Wunsch sich erfüllen könne, aber dass die Katzen dies selbst tun müssten.

Dann hörte sie Tiffany sagen: »Ja, vielleicht sollten wir darüber nachdenken und es mal miteinander durchsprechen.« Kyle stimmte ihr zu: »Wir werden darüber reden und dich beim nächsten Mal wissen lassen, was wir davon halten.«

Rebecca dankte den beiden, beendete die Heilungssitzung und suchte die Mitarbeiterin auf, mit der sie ihre ehrenamtliche Tätigkeit abstimmte. Sie erklärte ihr, was die intuitive Kommunikation mit Kyle und Tiffany ergeben hatte, und schickte voran, dass sie nicht wusste, ob die Unterhaltung »real« gewesen war oder nicht. Dann fragte sie die Organisatorin, was Tiffany mit der Bemerkung, sie und Kyle seien berühmt, gemeint haben könnte. »Ach, das!«, antwortete die Organisatorin. »Vor kurzem wurden Kyle und Tiffany in der Lokalzeitung vorgestellt. Es war ein zweiseitiger Artikel mit Fotos von ihnen. Sie hat also Recht – die beiden sind wirklich berühmt!«

Als Rebecca eine Woche später zurück ins Tierheim kam, stellte sie fest, dass Kyle und Tiffany in einen »Katzenbungalow« umgezogen waren. Es handelte sich um einen kleinen Raum mit Glaswänden, in dem sie genug Platz hatten, um sich zu bewegen. Rebecca setzte sich und begann mit der Energieheilung, während die Katzen umherwanderten. Sie machte die Augen zu, begann mit ihrer Meditation und ließ die Energie fließen. Sie hatte zwar noch sehr wenig Erfahrung mit Tierkommunikation, doch sie entspannte sich einfach und sendete Fragen an die Katzen. »Habt ihr beide euch nun entschieden, ob ihr bereit seid, das Tierheim hinter euch zu lassen?«, fragte sie. Sie erhielt keine Antwort und nahm die Stille wahr, bis sie kurz darauf ein merkwürdiges Gefühl bekam. Sie machte die Augen auf. Direkt vor ihr lagen die beiden Katzen auf dem Boden und starrten sie intensiv an. Aus irgendeinem mysteriösen Grund dachte sie plötzlich: »Also gut, dann sehe ich euch heute zum letzten Mal!« Eine Woche später kam eine Rentnerin ins Tierheim und adoptierte Kyle und Tiffany.

Murphy

Auch meine frühere Kursteilnehmerin Pamela Ginger Flood wurde eine professionelle Tierkommunikatorin. Sie wendet ihre Kommunikationsfähigkeiten für die *Give a Dog a Bone Foundation*[2] in San Francisco an, die sich der Aufgabe verschrieben hat, das Leben von Tieren in Tierheimen und von Tieren, die im Rechtssystem gefangen sind, zu bereichern. Die Stiftung bat Pamela um ihre Hilfe bei einer englischen Bulldogge namens Murphy. Der Rüde war ein misshandelter und vernachlässigter Hund, der gerettet worden war. Murphy war schon älter und hatte gesundheitliche Probleme; sein körperlicher Zustand war schlecht, und er schien unter einer Depression zu leiden.

Als Pamela mit ihm kommunizierte, sagte er ihr, dass die Leute an seinem Zwinger vorbeigingen und Bemerkungen darüber machten, wie hässlich er sei. Er fügte hinzu, dass es vielleicht helfen würde, wenn er ein rotes Halstuch hätte. Pamela informierte die Leiterin der Stiftung, Corinne Dowling, über das, was Murphy ihr mitgeteilt hatte. Corinne gab Murphy ein rotes Halstuch und brachte die Besucher dazu, keine Bemerkungen mehr in seiner Nähe zu machen. Murphys Stimmung hob sich sofort, und er ging nirgendwo mehr ohne sein Halstuch hin, in dem er so hübsch aussah! Er wurde einer der ersten beiden Hunde, die noch während des Gerichtsprozesses in Pflegestellen vermittelt werden durften. Sein Fall war ein großer Sieg für die Stiftung, da zuvor alle Hunde, die an Gerichtsfällen beteiligt waren, monatelang in sehr kleinen Käfigen aufbewahrt werden mussten.

Tieren helfen, ein besseres Leben umzusetzen

Man kann ein Tier in einer unangenehmen Lage unterstützen, mit Hilfe seiner eigenen Willenskraft eine bessere Zukunft für sich umzusetzen. Wie wir in Kapitel 1 sehen konnten, sind Wissenschaftler gerade dabei herauszufinden, dass unsere Willenskraft Energie besitzt und unsere Wirklichkeit formen kann. Anders ausgedrückt: Man erreicht das, worüber man nachdenkt.

Sie können dies an einem Tier testen, das ein neues Zuhause oder bessere Lebensumstände braucht. Sagen Sie dem Tier intuitiv, dass es um das bitten soll, was es sich in seinem Leben wünscht, und sich vorstellen soll, es schon erreicht zu haben. Diese beiden Gedankenprozesse werden die Umsetzung in Gang setzen. Wenn Sie für ein Tier noch mehr tun wollen, können Sie seinen Wunsch auch gemeinsam mit ihm manifestieren, indem Sie es sich in der verbesserten Situation vorstellen und fühlen, wie befriedigend sie für das Tier wäre. Wenn Sie auch noch andere Menschen dazu bringen, das zu visualisieren, so erhöht das die Wirkung noch mehr.

Genau das tat ich mit mehreren Leuten eines Pferdegehöfts, in dem ich mein Pferd unterstellte. Eine Pferdebesitzerin, die ihr erstklassiges Pferd dort untergebracht hatte, gab es einfach auf. Der Stallbesitzer beschloss, das Pferd auf einer Pferdeauktion als Hundefutter zu verkaufen. Wir anderen versammelten uns alle um die Stute herum, erklärten ihr, wie sie eine bessere Zukunft für sich manifestieren könnte, und machten uns selber an die Arbeit. Wir stellten uns das Pferd in guten Händen und einem wundervollen neuen Zuhause vor. Wir fühlten, wie schön es wäre, die Stute in einen Hänger steigen zu sehen, der sie zu ihrem neuen Menschen bringen würde. Die ganze Woche über malten wir uns das aus und fühlten es jedes Mal, wenn wir an die Stute dachten. Am Ende der Woche nahm eine Frau, die von dem Pferd gehört hatte, es auf und gab ihm ein wunderbares neues Zuhause.

Wilden Tieren helfen

Oft ist die intuitive Kommunikation das einzige Mittel, um sich einem verwilderten Hund oder einer streunenden Katze zu nähern, die das Vertrauen in Menschen verloren haben. Madeline Runion hat Tierkommunikation erfolgreich für die Rettung wilder Katzen eingesetzt. Sie fängt Katzen ein, lässt sie kastrieren und sucht Menschen, die sich um sie kümmern. Eine Katze, die sie einfing, war trächtig. Madeline brachte sie nach Hause in ein Zimmer, das sie für ihre Pflegekatzen benutzt. Die Katze brachte vier Kätzchen zur Welt, doch statt der bequemen Box, die Madeline für sie bereitgestellt hatte, zog sie sich für die Geburt in den Fuß eines Katzenbaums zurück, in dem kaum Platz für sie selbst war – ganz zu schweigen von ihren vier Babys. Als Madeline die Katze füttern wollte, fauchte sie Madeline an und warnte sie, ja nicht näher zu kommen. Eins der neugeborenen Kätzchen starb, und Madeline wollte es herausholen, doch die Katze ließ sie nicht an ihr Nest heran.

Also versuchte Madeline es mit intuitiver Kommunikation. Sie betrat den Raum und setzte sich so hin, dass sie mit der Katze auf Augenhöhe war. Dann sagte sie zur Katzenmutter, dass sie ihr totes Baby entfernen musste, bevor die anderen Kätzchen davon krank werden konnten. Madeline sagte ihr, dass sie sie und ihre Babys lieb hatte und dass die Katze ihre Kleinen in die behagliche Box bringen müsste, die Madeline für sie hingestellt hatte. Madeline zeigte auf die Kiste und verließ das Zimmer. Als sie ein paar Minuten später zurückkam, lag die Katze in der weichen Kiste und hatte das Kinn auf die Pfoten gelegt. Ihre Babys befanden sich jedoch immer noch im Katzenbaum. Madeline kauerte sich wieder auf den Boden und sah der Katze in die Augen. Diesmal fauchte die Katze nicht. Madeline sagte ihr, dass sie ihr die Babys in die Kiste bringen wollte. Dann hob sie jedes Kätzchen einzeln auf und legte es der Katze auf den Bauch. Weder fauchte die Katze noch rührte sie sich. Sie war vollkommen entspannt, als wüsste sie, dass Madeline ihr und ihren Kindern nichts tun würde. Madeline sagte, es sei das herrlichste Gefühl der Welt gewesen.

Die Vergangenheit eines geretteten Tieres herausfinden

Eines der wichtigsten Dinge, die Sie für ein gerettetes Tier tun können, ist, es nach seiner Vergangenheit zu fragen. Sie können es über frühere Besitzer, Misshandlungen und Traumas befragen und sogar, wo es früher gelebt hat und welchen Namen es hatte. Als Kate Wilcox eines der Rettungsgebiete in New Orleans besuchte, fand sie dort jede Menge Hunde und Katzen in Boxen vor, von denen keiner die Namen kannte. Sie nahm sich für jedes Tier Zeit und fragte: »Wie hat dein Mensch dich genannt?« Da die Tiere auf die Namen reagierten, die sie von ihnen erhielt, fragte sie noch mehr Tiere nach ihren Namen und vertraute auf ihre Wahrnehmungen. Als die Leute sie fragten, woher sie den Namen eines Tieres hatte, sagte sie: »Sehen Sie sich einfach seine Reaktionen an. Wenn das Tier auf den Namen reagiert, muss er stimmen.«

Cali

Rebecca Trono wandte ihre intuitiven Fähigkeiten an, um die Vorgeschichte einer Hündin mit unerklärlichen Persönlichkeitsstörungen herauszufinden. Die Hündin hieß Cali, und die Tierschutzmitarbeiter hofften, dass Rebecca mit Cali kommunizieren könnte, um der Hündin zu helfen, ihre unerwünschten Verhaltensstörungen loszuwerden. Cali weigerte sich, Treppen hinaufzugehen, doch sie ging – wenn auch unsicher – Treppen hinunter. Auch war es ihr unmöglich, sichtbare Schwellen zu überschreiten, und sie drehte in engen Räumen durch. Abgesehen davon war sie ein süßer und liebevoller Hund, dem alle helfen wollten. Rebecca nahm intuitive Verbindung zu Cali auf und fragte sie, ob sie Rebecca zeigen könnte, wo sie herkam und wie man sie behandelt hatte. Sofort hatte Rebecca ein Bild von Cali als Welpe vor Augen, wie diese von einem Kind halb die Treppe hinaufgezerrt wurde. Das Kind versuchte, Cali nach oben zu tragen, und die Hündin rutschte aus seinem Griff heraus und fiel die Treppe hinunter. Dann wurde sie wieder aufgehoben und wieder nach oben geschleppt. Rebecca erhielt den deutlichen Eindruck von Cali, dass die Treppe hinaufgehen ›Schmerzen‹ und die Treppe hinuntergehen ›Flucht‹ bedeutete.

Dann sah Rebecca, wie eine schon etwas ältere Cali in einen Schrank mit Gleittüren eingesperrt war. Jedes Mal, wenn Cali versuchte, sich aus dem Schrank zu befreien, und den Kopf herausstreckte, schlugen ihr die Türen um Kopf und Hals. Wie Rebecca erkennen konnte, war Cali jedes Mal, wenn sie den Schrank verlassen wollte, absichtlich gequält worden. Dann erhielt Rebecca ein Bild, wie Cali hinter eine große Platte aus Sperrholz eingesperrt war. Im Bild warf sich jemand mit seinem ganzen Gewicht gegen die Sperrholzplatte, damit Cali zwischen der Wand und der Platte eingequetscht wurde. Die Bilder waren grauenhaft. Rebecca schickte Cali Heilenergie. Sie wies Cali an, sich das Zuhause zu wünschen, das ihr gefallen würde – voller guter Menschen und ohne Misshandlungen. Beide waren sich einig, dass ein Zuhause ohne Treppen für Cali am besten wäre. »Na, viel Glück!«, dachte sich Rebecca am Ende der Sitzung mit Cali.

Rebecca erzählte dem Verhaltenstherapeuten des Tierschutzverbands, was sie von Cali erfahren hatte, und die Mitarbeiter bemühten sich weiterhin, die Hündin umzuerziehen, damit sie Treppen steigen würde. Doch ihre Bemühungen waren ziemlich erfolglos. Cali blieb mehrere Wochen im Tierheim, und Rebecca hatte so viel zu tun, dass sie keine Zeit fand, die Fortschritte der Hündin zu verfolgen. Eines Nachmittags unterhielt sie sich mit den Mitarbeitern und fragte, ob sich wegen einer Vermittlung von Cali schon etwas getan habe. Wie ihr gesagt wurde, war Cali vermittelt worden und eine der Tiertherapeuten hatte mit den Leuten gesprochen, die sich für die Hündin interessiert hatten. »Sind Sie sich im Klaren darüber, dass dieser Hund keine Treppen hinaufgeht?«, hatte sie gefragt.

»Ach, das macht uns nichts aus«, hatte das Ehepaar geantwortet, »Wir wohnen in einem einstöckigen Bungalow. Wir haben zu Hause keine Treppen!«

Der Seele eines traumatisierten Tieres helfen

Eine Technik, die ich an vielen misshandelten und traumatisierten Tieren angewandt habe, nenne ich den Seelentalk. Man arbeitet dabei mit der unsichtbaren Welt des höheren Selbst und der spirituellen Führer. Wenn Ihnen diese Vorstellungen ein wenig zu hochfliegend sind, können Sie diesen Abschnitt auch überspringen, denn die folgende Methode ist nicht unbedingt notwendig, um solchen Tieren zu helfen. Doch wenn Sie sie ausprobieren möchten, lesen Sie weiter. Und so funktioniert sie:

> Fragen Sie das Tier, was in seiner Vergangenheit passiert ist, um es so wütend und/oder ängstlich zu machen. Sobald Sie das herausgefunden haben, bitten Sie es, die daran beteiligten Menschen oder Tiere zu beschreiben und Ihnen zu sagen, was es über die Dinge empfindet, die sie ihm angetan haben. Fragen Sie das Tier, ob es bereit wäre, im Geiste mit Ihnen zu diesen Menschen oder Tieren zu gehen und ihnen zu sagen, wie es sich fühlt. Versichern Sie dem Tier, dass es sich sicher fühlen kann, und lassen Sie es wissen, dass es die Misshandlungen hinter sich lassen und sein Leben fortsetzen kann, wenn es das tut. Bitten Sie Ihre spirituellen Führer mitzukommen, und ermuntern Sie das Tier, dasselbe zu tun. Spirituelle Führer sind die Seelen von Verwandten, Freunden oder Tieren, die gestorben sind, oder eine andere hilfreiche Seele, die sie beschützt.

Reisen Sie in Ihrer Fantasie zusammen mit dem Tier an einen Ihnen bekannten Ort in der Natur, der sich heilig anfühlt. Treffen Sie sich dort mit dem höheren Selbst der Menschen oder Tiere, die das Tier misshandelt haben. Diese können ihre eigenen spirituellen Führer mitbringen. Bitten Sie das Tier, den Menschen oder Tieren mitzuteilen, was es über das Geschehene empfindet. Meistens löst dies eine Welle der Emotionen aus. Sagen Sie dem Tier, es soll auf eine Antwort warten. Manchmal – aber nicht immer – kommt sie in Form einer Entscheidung. Fordern Sie das Tier auf zu sagen, was immer es sagen will. Erklären Sie ihm, dass die Menschen oder anderen Tiere, die ihm das angetan haben, in ihrem Verhalten gefangen waren und sich davon nicht befreien konnten. Hätten sie besser handeln können, dann hätten sie es auch getan. Bitten Sie das Tier, dies zu durchschauen und den Lebewesen, die es misshandelt haben, Energie für ihre Heilung zu senden. Erklären Sie ihnen, dass sie ihr Verhalten ändern müssen, damit keine weiteren Tiere dasselbe erleiden müssen. Weisen Sie das Tier an, zu sehen, wie seine Peiniger sich umdrehen und für immer von ihm weggehen. Kehren Sie dann mit dem Tier wieder in die Gegenwart und an den ursprünglichen Ort zurück.

Ihren eigenen Tieren in der Not helfen

Auch Ihre eigenen Tiere können unter Traumas und Krisen leiden. Wenn Sie intuitiv mit ihnen kommunizieren können, sind Sie besser darauf vorbereitet, ihnen zu helfen.

Goldie und Isis

Cheryl Paulus entschied sich für den Versuch, mit ihren beiden Katzen intuitiv zu sprechen. Goldie und Isis legten immer dann Verhaltensprobleme an den Tag, wenn Cheryl verreist war. Sie verstand nicht, warum ihre Katzen damit ein Problem hatten. Immer wenn sie weg war, wurden die Katzen von einer Freundin versorgt. Sie konnten nach draußen gehen und vermissten auch sonst nichts, wozu sie Zugang hatten, wenn Cheryl zu Hause war – außer ihrem Frauchen. Da Katzen, wie geschätzt wird, um die zwanzig Stunden am Tag schlafen, verstand Cheryl nicht, warum die beiden über ihre Abwesenheit so verstört waren. Die Katze Goldie verweigerte sogar das Futter, wenn Cheryl verreist war. Und Isis benahm sich bei Cheryls Rückkehr unfreundlich und ging auf Distanz.

Cheryl begann, intuitive Kommunikation anzuwenden, um die Katzen so auf ihre Reisen vorzubereiten. Sie erklärte ihnen, wohin sie fuhr, warum sie verreisen musste, wer sich um die Katzen kümmern würde und wie lange sie wegbleiben würde. Unterwegs nahm sie täglich mit jeder der Katzen Verbindung auf, erzählte den beiden, was sie gerade machte und wann sie wiederkommen würde. Sobald Cheryl damit anfing, begann Goldie, in ihrer Abwesenheit zu fressen, und Isis verzieh ihr schon rasch nach ihrer Rückkehr. Jetzt spricht Cheryl immer mit den Katzen, wenn sie verreisen muss. Sie hat auch damit angefangen, die Tiere zu fragen, was sie gerade tun und wie es ihnen geht, und der Empfang ihrer Antworten klappt immer besser.

Tieren mit Gesundheitsproblemen helfen

Die Geschichten in diesem Abschnitt zeigen, wie intuitive Kommunikation sich anwenden lässt, um einem Tier mit gesundheitlichen Problemen zu helfen. Es macht Hoffnung, zu sehen, dass auch immer mehr Tierärzte diese Techniken in der Praxis anwenden. Maeline Yamate, eine Freundin und frühere Schülerin von mir, die heute als ganzheitliche Tierärztin arbeitet, berichtete mir, dass sie bei den Tieren, die sie behandelt, ständig intuitive Kommunikation anwendet. Sie begrüßt die Tiere, bevor sie anfängt, sie zu berühren und abzutasten, und bittet um ihre Erlaubnis, ihnen helfen zu dürfen. Bevor sie eine Akupunkturnadel an einem empfindlichen Punkt ansetzt, sagt sie dem Tier laut, dass der nächste Punkt wehtun könnte. Wie sie sagt, hat bisher nur ein Tier zwei Mal negativ auf einen empfindlichen Punkt reagiert, indem es sich umdrehte, sie ansah und winselte. Beide Male hatte sie vergessen, das Tier vorher über den möglichen Schmerz zu informieren. Madeline bittet ihren tierischen Patienten um Hilfe, wenn sie ihm Blut entnehmen oder eine Urinprobe braucht. Sie erklärt dem Tier immer, was sie tun wird und warum sie es tun muss.

Madeleine mit ihren Hunden

Wie sie festgestellt hat, nützt es dem Tier und dem Menschen, zu einem unheilbar kranken Tier laut über den Tod zu sprechen. Sie erlebt oft, dass das unheilbar kranke Tier nach einem solchen Gespräch die Oberseite des Kopfs auf ihr

Herz legt. Sie hat dann das Gefühl, als würde das Tier sagen: »Ich danke dir. Jetzt bin ich bereit, in Frieden zu gehen.«

Isabelle

Lisa Hartnett arbeitet als Heilpraktikerin für Zweibeiner und als Energieheilerin für Vierbeiner. Mithilfe der intuitiven Kommunikation erklärt sie dem Tier, was sie von ihm erwartet und braucht. Lisa erzählte mir von einem Berner Sennenhund namens Isabelle. Die Hündin hatte sich bei einer Klettertour verletzt. Als Lisa eintraf, war Isabelle mehr am Spielen als an der Energieheilung interessiert. Lisa erklärte ihr in Worten und Bildern, warum sie gekommen war und wie lange sie bleiben konnte.

Lisa mit Hundepatienten

Sie machte der Hündin klar, dass sie keine Zeit hatte, mit ihr zu spielen. Dann setzte sie sich auf der anderen Seite des Zimmers in einen Sessel und erklärte Isabelle, dass sie zu ihr kommen müsste, wenn sie Lisas Hilfe wollte. Isabelle änderte schlagartig ihr Verhalten und kam nach wenigen Minuten zu Lisa herüber. Sie legte sich auf den Boden und entspannte sich für die Dauer der Behandlung unter Lisas Händen.

Rune

Wie Marilyn Terry herausgefunden hat, kommen Tiere von selbst an, um mit Ihnen zu kommunizieren, wenn es ihnen schlecht geht. Ihr schottischer Hirschhund Rune, der mittlerweile verstorben ist, war ein perfekter Deerhound – außer der Tatsache, dass er, wie viele andere Hunde, es nicht ausstehen konnte, wenn man seine Pfoten anfasste. Am Schlimmsten war es, wenn Marilyn ihm die Nägel schneiden wollte. Als Warnung legte er sich dann auf die Couch, hob den Kopf und bleckte die Zähne. Das war zwar nur eine Demonstration seiner Kraft, doch es schüchterte Marilyn genügend ein, um nachzugeben und von seinen Nägeln abzulassen. Wenn es nach Rune ging, waren seine Pfoten tabu.

Rune

Das änderte sich an einem Sommertag, an dem er anfing, sich die Pfoten zu lecken. Zuerst dachte Marilyn, die Ursache dafür sei nur seine Allergie. Doch dann fing er an, an seiner linken Vorderpfote zu knabbern. Neun Tage später hoppelte er lahm in die Küche. Voller Schmerzen kam er angehumpelt und stellte sich neben sie. Er hielt die linke Vorderpfote hoch und sah sie flehend an. Dann blieb er brav neben dem Tisch stehen und ließ zu, dass Marilyn seine Pfote untersuchte.

Erschrocken entdeckte sie einen Haufen Fuchsschwanzkletten zwischen seinen Zehen. Sie sahen sich in die Augen, und Marilyn wusste, dass Rune ihr damit sagte, er würde ihr nichts tun, weil er sie selbst um Hilfe gebeten hatte. Sie konnte ein paar der Fuchsschwanzkletten herausziehen, die alle blutverschmiert waren. Dann holte sie noch ein paar heraus, während Rune geduldig stehen blieb. Als sie sich seine rechte Vorderpfote vornahm, stellte sie fest, dass auch diese Pfote voller blutiger Kletten war. Immer wieder wurde das Entfernen für Rune so schmerzhaft, dass er die Pfote wegzog und versuchte, sich zu verstecken. Doch schließlich legte er sich auf den Boden und ließ sie die Zwischenräume zwischen den Zehen aller vier Pfoten untersuchen, in denen sie noch mehr Fuchsschwänze fand, die sich schon eine ganze Weile dort festgesetzt haben mussten. Marilyn konnte nicht glauben, dass sie so dumm gewesen war, seine Pfoten nicht schon viel früher zu untersuchen, als er an ihnen herumknabberte.

Dann wusch sie seine Wunden mithilfe einer Pipette aus. Rune blieb die ganze Zeit über still auf der Seite liegen und ließ die Behandlung über sich ergehen, auch wenn sie äußerst schmerzhaft sein musste. Manchmal kam Marilyn ihm mit dem Gesicht sehr nahe, doch statt die Zähne zu fletschen, rührte er sich noch nicht einmal. Marilyn war sicher, dass Rune unter anderen Umständen, wenn sein Vertrauen in sie nicht so groß gewesen wäre, während der Behandlung hätte betäubt werden müssen. Noch tagelang untersuchte Marilyn die Hundepfoten immer wieder, um sich zu vergewissern, dass sie auch wirklich alle Kletten beseitigt hatte. Rune und sie entwickelten während dieser Behandlung eine höhere Ebene der Kommunikation und ein unbedingtes gegenseitiges Vertrauen.

Doch die Geschichte war damit noch nicht zu Ende. Marilyn musste Runes Pfoten in Epsom-Salzlösung baden und ihm homöopathische Mittel geben, um die letzten Reste der Fuchsschwanzkletten herauszuschwemmen, die tief in seinem Fleisch steckten. Von diesem Zeitpunkt an durfte sie regelmäßig Runes Pfoten – sogar zwischen den Zehen – untersuchen. Seine Pfoten zu berühren war nie mehr ein Problem.

Der Hund des Hurrikans

Cindi Clarke schickte mir noch eine Geschichte über einen Hund, der Opfer eines Unwetters wurde. Während Hurrikan Ivan wütete, standen Cindi und ihr Mann an der Haustür und sahen hinaus. Sie bemerkten einen Hund, der draußen herumlungerte und sich offenbar in ihr Haus retten wollte. Cindi ging hinaus, um nachzusehen, und fand einen großen, abgemagerten Wolfmischling vor. Der Rüde hechelte erschöpft. Sein ganzer Körper war von Kaktusstacheln übersät. Cindi sagte dem Hund, sie würde ihm nicht wehtun. Als sie ihm Futter und Wasser brachte, kam er näher, um ein wenig zu fressen und zu trinken. Cindi bemerkte die Kaktusstacheln in seinem Maul und seinen Pfoten und die riesigen Kletten, die an seinem Körper und Bauch klebten.

Cindi fragte ihn, ob er zulassen würde, dass sie die Stacheln entfernte. Er blieb ruhig stehen, und so ging sie ins Haus und holte Lederhandschuhe, eine Pinzette und einen Eimer für die Kletten und Stacheln. Der Hund ließ sie die großen Klettenbüschel am Körper und einige Kletten am Bauch entfernen, die sich nicht zu fest in seinem Fell verfangen hatten. Dann bat sie ihn, sich hinzusetzen, damit sie ein paar der Stachel aus seinen Pfoten herausziehen könnte, und er setzte sich brav hin. Die ganze Zeit über sprach Cindi mit dem Hund. Sie sagte ihm immer wieder, wie hübsch und wie tapfer er sei und dass sie ihm nicht wehtun würde. Mehrmals zog sie einen Kaktusstachel heraus, der zwischen den Zehen steckte. Dann zuckte der Hund leicht zusammen, stand auf und verschwand hinter dem Haus. Doch jedes Mal kam er nach ein paar Minuten zurück und ließ sie die Behandlung fortsetzen. Es war fast, als wäre er ein zu großer Gentleman, um zuzulassen, dass sie ihn wegen des Schmerzes fluchen hörte. Sie zog so viele Stacheln und Kletten heraus, wie sie konnte, ohne ihm zu große Schmerzen zuzufügen. Da sie schon vier Katzen und zwei Hunde im Haus hatte, bereitete sie in der Garage ein Lager für den fremden Hund vor, auf dem er den Hurrikan in Sicherheit überstehen konnte.

Am nächsten Tag brachte sie ihn zum Tierarzt, der die restlichen Stacheln aus seinem Maul und Gaumen entfernte. Die tierärztliche Untersuchung zeigte, dass der Hund einen Herzwurm hatte, doch vor Beginn der Behandlung noch an Gewicht zulegen müsste. Da ein Kollege von Cindi erst vor kurzem seinen Hund verloren hatte, fragte sie ihn, ob er den fremden Hund aufnehmen könnte. Cindis Kollege und der Wolfsmischling verstanden sich auf Anhieb blendend. Jetzt hat Eli ein neues Zuhause und wurde auch seinen Herzwurm los.

Grippe

Meine Schülerin Marie Rubin nutzte ihre intuitive Kommunikationsfähigkeit, um einem Tierarzt bei einem schwierigen Fall zu helfen. Maries Pferdetierärztin wurde gerufen, um eine akut kranke zweijährige Jungstute zu behandeln, die weder fraß noch trank, hohes Fieber hatte und Nervensymptome aufwies. Sie schwankte und stolperte, legte den Kopf an die Wand und hatte eine schwere Depression. Die Stute wurde intravenös mit Flüssigkeiten, Antibiotika und Medikamenten gegen die Schmerzen und das Fieber versorgt, was ihren Zustand etwas verbesserte. Sie fraß wieder ein wenig, doch sie weigerte sich, Futter vom Boden aufzunehmen, und ernährte sich nur aus einem Heusack, der in ihrem Stall aufgehängt wurde. Die größte Sorge der Tierärztin war, dass die Stute neurologische Symptome aufwies. Diese sind ein Anzeichen für Pferdeherpes. Die Tierärztin nahm dem Pferd Blut ab und machte einen Nasalabstrich. Beides wurde ins Veterinärlabor eingeschickt. Der Besitzer und die Tierärztin setzten die Behandlung der Stute fort, während sie auf den Laborbefund warteten.

In der Zwischenzeit begannen auch die vier anderen Pferde auf der Farm, ähnliche Krankheitssymptome aufzuweisen. Unglücklicherweise wurde eines der älteren Pferde so krank und schwach, dass es eingeschläfert werden musste. Schließlich kam der Laborbefund zurück. Er schloss Pferdeherpes aus. Doch für die Erkrankungen der Pferde gab es immer noch keine Erklärung. Nun meldeten auch andere Farmen in der Umgebung Pferde mit ähnlichen Krankheitssymptomen.

Die Tierärztin war so frustriert, dass sie Marie bat, mit der Stute zu kommunizieren. Marie sollte herausfinden, wie es ihr ging, und ihr Mut zusprechen. Marie redete mit der Stute und suchte intuitiv ihren Körper nach Informationen ab. Sie spürte, dass das Pferd starke Halsschmerzen auf der Rückseite der Kehle hatte. Sie fühlten sich wie Glasscherben an, und die Stute konnte kaum schlucken. Auch spürte Marie, dass sie um die Augen herum und auf dem Kopf starke Schmerzen hatte, die sich noch verschlimmerten, wenn sie den Kopf senkte. Das war auch der Grund, warum die Stute nur aus einem Heusack an der Wand und nicht mehr vom Boden fraß. Das Pferd hatte auch den Kopf an die Wand gedrückt, um die Schmerzen in den Nasennebenhöhlen zu lindern. Nachdem Marie mit der Stute gesprochen hatte, schickte sie ihr Energieheilung zur Verbesserung ihrer körperlichen und seelischen Verfassung. Sie sagte dem Pferd, dass die Tierärztin sich gut um sie kümmern würde und sie sich bald besser fühlen würde.

Als Marie die Tierärztin anrief und ihr die Informationen mitteilte, die sie von der Stute erhalten hatte, rief die Ärztin verblüfft: »Das ist Grippe! Das sind die Symptome einer Grippe!« Bei allen Pferden wurden Grippeviren gefunden, auch wenn sie dagegen geimpft waren. Durch eine sorgfältige Behandlung wurden sie langsam wieder völlig gesund. Seitdem ruft die Tierärztin Marie regelmäßig an, um mit ihren Patienten intuitiv zu kommunizieren, und empfiehlt Marie sogar ihren Klienten weiter.

Rose

Kendra Wilson erzählte mir die folgende Geschichte über Rose. Rose war ein gerettetes Pferd, das auf der Pregnant Mare Rescue Ranch – *einer Ranch für gerettete tragende Stuten* – in Santa Cruz, Kalifornien untergebracht war, auf der Kendra ehrenamtlich mithalf. Als Rose dort aufgenommen wurde, konnte niemand erkennen, was ihr fehlte. Sie lief nur sehr langsam und mit hängendem Kopf umher. Wenn etwas in ihrem Weg lag, stieß sie dagegen, egal ob es sich um Büsche, Futtereimer oder andere Pferde handelte. Der Leiter der Ranch holte sich von allen möglichen Fachleuten Rat, und alle waren unterschiedlicher Meinung: Entweder hatte Rose Schmerzen oder Nervenprobleme, oder aber sie war geistig zurückgeblieben.

Dann kam ein Spezialist für Körperarbeit auf die Ranch. Er sagte, Rose habe sich von dieser Welt zurückgezogen. Das klang logisch für Kendra, da Rose im Alter von drei Jahren direkt vom Lager des Schlachthofs gerettet worden war. Da war sie schon tragend und hatte Hufe, die wie die Stiefel von Elfen aussahen. Kein Wunder, dass sie mit dieser Welt nichts mehr zu tun haben wollte!

Kendra und Rose

Die Ranch ließ auch einen Chiropraktiker kommen, der feststellte, dass Roses Halswirbel vermutlich von einem Lasso verrenkt worden war. Er renkte den Halswirbel wieder ein, und es schien ihr danach ein bisschen besser zu gehen. Der Ranchtrainer fing an, mit Rose zu arbeiten. Er machte da weiter, wo der Spezialist für Körperarbeit aufgehört hatte, und Rose wachte allmählich ein bisschen auf – sie fing an, den Kopf zu heben und die Ohren zu spitzen. Manchmal galoppierte sie sogar umher.

Eines Tages schickte Rose Kendra eine intuitive Mitteilung. Kendra hörte sie mental sagen: »Ich habe Schmerzen und will nicht mehr auf der Welt sein.« Kendra spürte, dass Rose der ganze Körper wehtat, und dass vieles davon psychisch war, doch am deutlichsten spürte sie die Schmerzen in Roses Hinterbeinen von der Mitte bis hinunter in die Hufe. Dann verriet Rose Kendra den Grund, warum sie oft wie in Zeitlupe gegen Dinge stieß. Das war, weil es für sie zu mühsam war, um die Hürden herumzugehen. Kendra erfuhr von Rose: »Wenn man an einem Ort nicht sein will und Schmerzen hat, existieren Objekte nicht wirklich.« Kendra glaubte nicht, was sie da von Rose zu hören bekam, weil Pferdeexperten mit viel mehr Erfahrung Rose schon untersucht hatten, während Kendra weder mit Pferden noch mit Tierkommunikation Erfahrung hatte. Doch schon bald nachdem sie diese Botschaft von Rose erhalten hatte, ließ der Ranchmanager einen Barhufpfleger kommen, der Rose behandeln sollte. Der Pfleger sagte, Roses Hufe seien immer noch zugewachsen, auch wenn sie schon etwas getrimmt worden seien, und dass sie nicht im Gleichgewicht und daher extrem schmerzhaft seien, vor allem an den Hinterbeinen.

Auch wenn Rose sich jetzt viel besser bewegen konnte, hat sie sich immer noch zurückgezogen. Wie Kendra sagte, muss das, was die arme Stute erlebt hat, verheerend für sie gewesen sein, sonst hätte sich ihre Seele nicht dermaßen zurückgezogen. Doch heute kann Kendra in Roses Augen manchmal schon ein Leuchten erkennen. Das Schönste und Wunderbarste daran ist, dass Rose manchmal sogar lacht.

Intuitive Schadensbekämpfung

Meine Kollegin Gerrie wandte ihre intuitive Kommunikationsfähigkeit an, um einer Klientin zu helfen, deren Pferd Verdauungsstörungen hatte. Eine der Stuten der Frauen hatte über einen Monat lang Durchfall. Gerrie ging zum Stall und breitete alle Futtersorten aus, die der Stute gereicht wurden. Dann ging sie alle Sorten mit dem Pferd durch. Gerrie berührte jede einzelne Futtersorte und fragte dabei die Stute, ob sie es mochte. Die Stute fraß manche Sorten gern, andere nicht, und bei manchen äußerte sie, dass sie diese Sorte gern später fressen würde, aber nicht jetzt. Daraufhin fütterte die Klientin nur noch die Futtersorten, die das Pferd sich gewünscht hatte, und der Durchfall hörte nach einem Tag auf. Wie Gerrie berichtet, wendet sie diese Technik bei allen Tieren an, auch als Ferndiagnose, und die Methode funktioniert schnell und wirksam.

Übungen für die intuitive Kommunikation mit unbekannten Tieren

Im Folgenden finden Sie zwei Übungen, durch die Sie lernen, ganz leicht mit Tieren zu kommunizieren, über die Sie keine Informationen haben, so wie zum Beispiel gerettete Tiere oder Tiere in einem Hundepark.

Übung

Mit einem geretteten Tier sprechen

Versuchen Sie, sich mit den Tieren im örtlichen Tierheim zu unterhalten. Suchen Sie sich im Tierheim ein Tier aus, das schon lange auf ein neues Zuhause wartet und das scheinbar niemand haben will.

- Wenn Sie ein Tier gefunden haben, mit dem Sie kommunizieren möchten, dann nehmen Sie sich zuerst einen Augenblick Zeit, um tief durchzuatmen, sich zu entspannen und dem Tier Ihre Liebe zu schicken.
- Halten Sie ein Notizbuch bereit und notieren Sie alle ersten Eindrücke über das Tier, die Ihnen kommen.
- Sobald Sie die ersten Eindrücke gesammelt haben, stellen Sie sich dem Tier vor. Erklären Sie ihm, was Sie tun, und bitten Sie es um seine Unterstützung. Vergewissern Sie sich, dass es in Ordnung ist, mit der Sitzung fortzufahren, und fangen Sie nun an, mit dem Tier zu sprechen, indem Sie ihm mental Ihre Gedanken senden.
- Fragen Sie das Tier, wie es sich im Tierheim fühlt. Warten Sie ab, bis Sie einen Eindruck vom Tier erhalten, und schreiben Sie ihn auf. Stellen Sie ihm keine weiteren Fragen, bevor Sie etwas in Ihr Notizbuch geschrieben haben. Falls Sie keine Eindrücke erhalten, stellen Sie eine Vermutung auf, wie das Tier sich fühlt, notieren Sie es und setzen Sie die Kommunikation fort. Die Antwort zu vermuten setzt Ihre Intuition in Gang.
- Fragen Sie das Tier, wo es herkommt, wer seine früheren Besitzer waren und wie es gelebt hat, bevor es ins Tierheim gebracht wurde. Halten Sie den Eindruck, den

Sie bekommen, oder das, was Sie als Antwort vermuten, schriftlich fest.

- Fragen Sie das Tier, wie es sich sein neues Zuhause wünscht. Notieren Sie Ihre Eindrücke oder Vermutung über seine Antwort.
- Sagen Sie dem Tier, wie Ihnen bei dem, was es Ihnen verraten hat, zumute ist, und geben Sie dem Tier Ihren bestmöglichen Rat, wie es mit seiner Vorgeschichte und nach seinen Wünschen einen guten Menschen und ein dauerhaftes Zuhause finden kann. Hören Sie wieder auf das, was Sie erhalten, und notieren Sie alle Eindrücke.
- Bedanken Sie sich zum Schluss bei dem Tier dafür, dass es bereit war, mit Ihnen zu sprechen.

Prüfen Sie ein paar Tage oder Wochen später, wie es dem Tier geht und ob es ein Zuhause gefunden hat.

Übung

Das Verifizieren von Informationen üben

Im Folgenden stelle ich eine allgemeine Übung vor, die Sie als Hilfestellung für die Verifizierung der Genauigkeit Ihrer intuitiven Kommunikation anwenden können. Für diese Übung müssen Sie mit einem Tier arbeiten, das Sie nicht kennen und das einen Besitzer hat, der die Antworten auf die Fragen, die Sie dem Tier stellen, bestätigen kann. Die Person kann ein Verwandter oder Bekannter sein, solange Sie sein Tier nicht besonders gut kennen. Die Übung können Sie in Gegenwart des Tieres oder aus der Ferne durchführen. Erkundigen Sie sich vor Beginn der Übung bei dem Besitzer, ob es irgendwelche bestimmten Dinge oder Probleme gibt, die Sie mit dem Tier durchsprechen sollten. Notieren Sie diese. Führen Sie die Übung dann Schritt für Schritt durch:

- Finden Sie den Namen, das Alter und das Geschlecht des Tieres heraus. Wenn Sie nicht vor Ort sind, lassen Sie sich ein Foto oder eine Beschreibung des Tieres geben.
- Atmen Sie bewusst und entspannen Sie sich, bis Sie im Hier und Jetzt sind. Denken Sie daran, dass das Ergebnis positiv sein wird.
- Schließen Sie die Augen, stellen Sie sich vor, das Tier wäre direkt vor Ihnen, und senden Sie ihm aus Ihrem Herzen das Gefühl der Liebe zu.
- Schreiben Sie die ersten Eindrücke auf, die Sie erhalten.
- Sagen Sie den Namen des Tieres in Gedanken und stellen Sie sich ihm vor. Erklären Sie dem Tier, dass Sie AnfängerIn sind und dass Sie noch lernen, wie man intuitiv kommuniziert. Fragen Sie das Tier, ob es bereit ist, mit Ihnen zu sprechen.
- Schicken Sie dem Tier mental ein Kompliment.
- Prüfen Sie, ob es sich gut genug fühlt, um weiterzumachen. Wenn nicht, sollten Sie Ihr Vorhaben noch ein wenig durchsprechen und sehen, ob Sie die Zustimmung des Tieres bekommen. Falls das Tier sich sträubt, wechseln Sie zu einem anderen Tier über.
- Wenn Sie seine Zustimmung bekommen, bringen Sie das Tier in Ihrer Fantasie dazu, aktiv mitzumachen: Streicheln Sie das Tier, geben Sie ihm ein Leckerchen, gehen Sie mit ihm spazieren und so weiter. Schreiben Sie alle Eindrücke auf, die Ihnen dabei kommen.
- Fragen Sie das Tier etwas, was sich überprüfen lässt, und notieren Sie die Antworten und Eindrücke, die Sie erhal-

ten. Wenn Sie nichts empfangen, vermuten Sie, wie die Antworten auf die Fragen lauten sollten. Hier ein paar Vorschläge für Fragen an ein unbekanntes Tier:

- Was gefällt dir? Was gefällt dir nicht?
- Mit welchen anderen Tieren lebst du zusammen? Magst du sie? Welche Gefühle hast du ihnen gegenüber?
- Beschäftigt dich in letzter Zeit irgendetwas?
- Hat sich vor kurzem irgendwas verändert?
- Wie sieht dein Zuhause aus?
- Was ist dein Lieblingsschlafplatz?
- Wohin gehst du gern?
- Was sagen die Menschen immer über dich?
- Befragen Sie nun das Tier zu dem Problem oder Thema, das sein Besitzer klären möchte. Notieren Sie sämtliche Antworten und Eindrücke, die Sie erhalten.
- Fragen Sie das Tier, ob es eine Nachricht an seinen Besitzer hat, und halten Sie das, was Sie empfangen, schriftlich fest.
- Danken Sie dem Tier dafür, dass es mit Ihnen gesprochen hat, und sagen Sie ihm alles, was Sie dem Tier sonst noch mitteilen wollen.
- Kehren Sie in den Wachzustand zurück und überprüfen Sie die Antworten mit dem Halter des Tieres.

Wenn Sie mit dem Üben anfangen und die erhaltenen Informationen überprüfen, empfiehlt es sich, den Besitzer des Tieres zu bitten, Ihnen die richtigen Antworten auf Ihre Fragen zu geben, statt ihm zu sagen, was Sie herausgefunden haben. Sobald Sie Nachweise darüber erhalten, wie richtig die von Ihnen empfangenen Antworten sind, können Sie den Rest der Ergebnisse prüfen.

Auch ist es äußerst nützlich, Ihre Antworten zu markieren, während Sie die Ergebnisse mit dem Tierhalter durchgehen. Das hilft Ihnen, sich davon zu überzeugen, dass die Antworten, die Sie erhalten haben, real sind. Setzen Sie neben alle richtigen Antworten ein Häkchen, neben unklare Antworten ein Fragezeichen und neben falsche Antworten ein Kreuz. Vergessen Sie dabei jedoch nicht, dass die Antworten, die Sie vom Tier erhalten, sich als richtig herausstellen könnten, selbst wenn sein Besitzer das nicht glaubt. Vielleicht weiß der Tierhalter einfach nicht, was wahr ist, oder hat es vergessen. Wenn Sie eine außergewöhnliche Information erhalten – also etwas, was Sie sich nicht einbilden konnten und was vom Tier stammen muss –, dann kreisen Sie sie ein. Sehen Sie Ihr Notizbuch immer mal wieder durch. Die vielen Häkchen und Kreise werden es Ihrem rationalen Verstand erleichtern, sich von der Richtigkeit Ihrer Eindrücke und Ihrer Fähigkeit überzeugen zu lassen.

8

Ein vermisstes Tier durch Intuition aufspüren

Vermisste Tiere mithilfe der Intuition aufzuspüren ist eines der schwierigsten Dinge, um die ein Tierkommunikator gebeten werden kann. Die Fehlerquote scheint bei vermissten Tieren höher als normal zu sein. Aus diesem Grund nehmen viele Tierkommunikatoren keine Fälle von vermissten Tieren an. Ich habe mich schon sehr oft der Suche von vermissten Tieren angenommen und weiß daher, dass ich mich manchmal irre. Auch andere Tierkommunikatoren, die ich gut kenne und für kompetent und akkurat halte, hatten Probleme beim Aufspüren vermisster Tiere. Ich kenne keinen, der sich dabei noch nie geirrt hat.

Meine Kollegen und ich vermuten, dass Fälle von vermissten Tieren sich aus einer Reihe von Gründen besonders schwierig gestalten: Sie sind mit intensiven Emotionen und Drama verbunden, die Situation kann sich für das Tier in jeder Minute ändern, das Tier kann sich in einem Schockzustand oder im Koma befinden, das Tier weiß möglicherweise nicht, wo es ist, oder es ist ihm nicht klar, dass es tot ist. All das scheinen gute Gründe dafür zu sein, warum es nicht so einfach ist, ein vermisstes Tier aufzuspüren, wie es ist, herauszufinden, was ein Tier am liebsten tut oder wer seine besten Freunde sind. Ich rate den Menschen immer, dass es sich lohnt, sich an einen Tierkommunikator zu wenden, der den Fall oft genug lösen kann, doch wenn sie nur wenig Geld haben, sollten sie es lieber für die Herstellung und Verteilung von Flugblättern ausgeben.

Flyer an den Haustüren zu verteilen ist auf alle Fälle notwendig: Dadurch werden die Nachbarn in Ihrer Gegend auf das vermisste Tier aufmerksam gemacht, damit sie Augen und Ohren aufhalten und Ihnen bei der Suche nach Ihrem Tier behilflich sein können. Auch jede weitere Anzeige oder Veröffentlichung ist sinnvoll. Ich rate den Leuten auch, falls irgend möglich, einen Spürhund zu verwenden. Im Quellenverzeichnis finden Sie weitere Ideen, wie man vermisste Tiere aufspüren kann. Es gibt jedoch ein Mittel, das Sie dort nicht finden werden, und das ist Ihre eigene Intuition.

Sie können Ihre Intuition anwenden, um mit Ihrem Tier zu sprechen, und es wird Sie sogar aus der Ferne hören. Sie können mit positiver Visualisierung arbeiten, um die Chancen zu vergrößern, dass Ihr Tier sicher zu Ihnen zurückkommt. Ich hoffe zwar, dass Sie diese Suchmethode nie anwenden müssen, aber falls es doch notwendig wird, kann dieses Kapitel Ihnen dabei behilflich sein.

Positiv denken

Wenn Ihr Tier verschwunden ist, ist das Erste, wofür Sie sorgen müssen, Ihre positive Einstellung zu behalten. Ihre Gedanken sind Energie, und Energie kann den Ablauf der Realität beeinflussen. Um optimale Bedingungen für die Suche nach Ihrem vermissten Tier zu schaffen, ist es wichtig, dass alle Beteiligten sich auf den positiven Ausgang konzentrieren. Das kann schwer sein, da wir bei vermissten Tieren dazu tendieren, das Schlimmste anzunehmen. Wir spielen in Gedanken ein Horrorszenario nach dem anderen durch: Die Katze wurde überfahren, jemand hat sie gestohlen, ein wildes Tier hat sie getötet. Man könnte sich wahrscheinlich den ganzen Tag über negative Szenarien ohne eine einzige Wiederholung ausdenken. Auch diese mächtige negative Emotion hat Energie – die falsche Form von Energie.

Übung

Sich positiv fühlen

Wenn Sie merken, dass Sie an das Schlimmste denken, dann stoppen Sie sich und sagen Sie: »Lösche diesen Gedanken.« Stellen Sie sich dann stattdessen positive Szenarien vor: Ihr Hund wird von einem guten Menschen gefunden, der Sie anruft, Ihr Hund sitzt vor Ihrer Haustür und so weiter. Machen Sie die Augen zu und sehen Sie, wie Ihr Tier wieder gesund und munter zu Hause ist. Stellen Sie sicher, dass Sie Hoffnung und Optimismus empfinden, da es noch mehr die Gefühle als Visualisierungen sind, die die Realität mitgestalten. Spüren Sie, wie es sich anfühlen würde, Ihr Tier unversehrt wieder zu Hause zu haben. Tun Sie das, so oft Sie nur können.

Denken Sie an einen positiven Satz, den Sie sich über Ihr vermisstes Tier sagen können. Er könnte zum Beispiel so lauten: »Sie kommt gesund und munter nach Hause zurück.« Verwenden Sie Worte, die eine beruhigende Wirkung auf Sie haben. Der Sinn und Zweck der Übung ist es, Ihre Energie für den gewünschten Ausgang strömen zu lassen. Sagen Sie sich den Satz, immer wenn Sie Ihre Einstellung neu fokussieren müssen.

Bringen Sie auch Ihre Freunde dazu, sich die glückliche Rückkehr Ihres Tieres vorzustellen. Bitten Sie sie, dafür zu beten und zu fühlen, dass es eintreffen wird. Je mehr Menschen Sie dazu bringen, umso besser. Bitten Sie auch das Universum, Ihre spirituellen Führer, die spirituellen Führer Ihres Tieres oder die Macht, an die Sie glauben, Ihnen das Tier zurückzubringen.

Sprechen Sie mit Ihrem Tier

Das Grundprinzip der intuitiven Kommunikation ist, dass Sie sie persönlich oder über jede Entfernung hinweg ausführen können. Es ist egal, wie weit weg Sie von Ihrem Tier sind – Sie können dennoch Ihre Gedanken aussenden, und Ihr Tier wird sie auch empfangen. Sie können Ihrem Tier mentale Anleitungen geben, wie es nach Hause zurückfindet, was es tun muss, um sich vor Gefahren zu schützen, an wen es sich wenden kann, um Hilfe zu bekommen, wie es Autos aus dem Weg gehen kann und auch alles andere, was es wissen muss.

Tucker

Voller Panik riefen Pam und Paul Hendricks mich wegen ihrer beiden Huskys an. Der Rüde und die Hündin waren aus dem Garten ausgebrochen und hatten sich verirrt. Wie sich herausstellte, waren die beiden Hunde in die Berge hinter dem Haus gerannt und ein paar Reitern nachgelaufen. Die Reiter merkten, dass die Hunde sich verlaufen hatten, und kehrten an die Stelle zurück, an der sie ihre Pferdeanhänger geparkt hatten. Die Hündin Tashi sprang direkt hinter den Pferden in den Anhänger hinein. Doch der Rüde Tucker kam nicht in die Nähe der Fremden. Dann sah er ein Reh und rannte ihm in den Wald nach. Die Reiter fanden auf Tashis Halsband die Telefonnummer der Hendricks. Sie riefen Pam und Paul an, um Tashi zurückzugeben. Doch Tucker blieb verschwunden. Das war der Zeitpunkt, an dem Pam mich um Hilfe bat.

Ich nahm die intuitive Verbindung zu Tucker auf und spürte, dass er am Leben war. Er irrte verwirrt auf dem Berg umher, hatte Hunger und wusste nicht, wie er wieder nach Hause finden sollte. Ich wies Pam und Paul an, die Stelle, an der der Pferdeanhänger gestanden hatte, noch einmal aufzusuchen, da ich fühlte, dass Tucker immer mal wieder dorthin zurückkehrte. Paul ging zu der Stelle und entdeckte dort auch frischen Hundekot, den er für eine Spur von Tucker hielt, doch von Tucker war weit und breit nichts zu sehen.

Tucker

Später am selben Tag riefen sie mich wieder an, und ich nahm erneut Verbindung zu Tucker auf. Diesmal sah ich den Husky über die Bergkuppe und den Abhang auf der anderen Seite hinunter zu einer schmalen Ebene zwischen den Bergen laufen. Wieder machte Paul sich auf die Suche und fand Tuckers Fußspuren in der Flussebene, doch Tucker fand er nicht. Mittlerweile war es schon fast dunkel geworden. Ich wies Pam und Paul an, Tucker eine mentale Landkarte mit dem einfachsten Weg nach Hause zu senden. Dafür sollte er die Ebene entlang bis zum Fluss laufen und dann dem Fluss zurück zur Straße folgen, an der sie wohnten. Doch diesen Weg hatte Tucker noch nie genommen. Trotzdem schickten sie ihm die Bilder, wie er auf diesem Weg nach Hause zurückfinden würde.

Am nächsten Morgen um vier Uhr schaute Pam durchs Fenster und entdeckte Tucker, der die Straße entlangkam und auf ihr Haus zutrottete. Er hatte ihre Anweisungen gehört und nach Hause zurückgefunden. Auch wenn er voller Flohbisse und Kletten war, fehlte ihm ansonsten nichts.

Übung

Das Tier sicher zurückholen

Wie Pam und Paul es bei Tucker machten, können auch Sie Ihrem Tier Anleitungen schicken, wie es sicher wieder nach Hause zurückfindet. Schließen Sie dazu die Augen und stellen Sie sich Ihr Tier vor. Erklären Sie Ihrem Tier laut alles, was Sie ihm sagen können, um ihm zu helfen, sicher zu Ihnen zurückzukommen. Erklären Sie ihm den besten Weg nach Hause und wie es ihm am sichersten folgen kann. Oder – falls das in Ihrem Fall besser wäre – ermutigen Sie das Tier, einen gutherzigen Menschen zu finden, der es retten wird. Tun Sie dies während der Dauer Ihrer Suche mindestens einmal am Tag.

Hindernisse aus dem Weg räumen

Manchmal rennen Tiere nur deswegen weg, weil sich ihnen die Gelegenheit dazu bietet: Jemand hat die Tür offen gelassen oder das Tier hat ein Loch im Zaun entdeckt. Aber manchmal geschieht etwas in seiner Umgebung, das das Tier erschreckt hat, zum Beispiel Silvesterknaller, ein anderes Tier, von dem es angegriffen wurde, Handwerker oder andere Fremde im Haus. Dem Verschwinden kann sogar eine Unstimmigkeit zwischen dem Menschen und dem Tier oder eine unerwünschte Veränderung in der Umgebung vorausgegangen sein.

Wenn Sie glauben, dass Ihr Tier zu Hause vor irgendwas Angst bekommen hat oder sich wegen etwas aufgeregt hat, was mit seinem Verschwinden zu tun haben könnte, ist es am besten, das emotional zu bereinigen. Zum Glück können Sie dafür intuitive Kommunikation anwenden. Und so geht das:

Übung

Den Weg nach Hause ebnen

Suchen Sie sich einen ruhigen Ort, setzen Sie sich mit geschlossenen Augen hin, stellen Sie sich Ihr Tier vor oder spüren Sie es, so als wäre es bei Ihnen, und fangen Sie an, mit ihm zu reden. Sagen Sie ihm, dass Ihnen leidtut, was immer passiert ist, und versprechen Sie dem Tier alles, was Sie mit Sicherheit auch halten können, um die Situation zu ändern oder zu verbessern. Halten Sie sich an Ihr Versprechen und setzen Sie die Veränderungen um, die Sie noch während Ihrer Suche nach dem Tier ausführen können.

Energie schicken

Es gibt zwei Energie-Visualisierungen, die ich den Leuten rate, wenn sie ein vermisstes Tier suchen. Bei der ersten stellen Sie sich vor, das Gefühl von Liebe und Schutz auszusenden, um Ihr Tier damit zu umgeben und zu beschützen. Bei der zweiten Visualisierung stellen Sie sich einen Magnetstrahl aus Energie vor, der Ihr Herz mit dem Herzen Ihres Tieres verbindet, und spüren dann, wie der Strahl Sie beide wieder gegenseitig anzieht. Diese Energie-Visualisierungen können eine positive Wirkung auf den Ausgang Ihrer Suche haben und unterstützen Sie und Ihr vermisstes Tier.

Übung
Energie-Visualisierungen

Schließen Sie die Augen und stellen Sie sich Ihr Tier vor. Spüren Sie die Liebe, die Sie für dieses Tier empfinden, und senden Sie sie durch die Luft zu Ihrem Tier, egal wo es auch stecken mag. Stellen Sie sich das Tier umhüllt von diesem Gefühl der Liebe vor. Schicken Sie dem Tier nun das Gefühl, beschützt zu werden. Wenn Sie wollen, können Sie sich das in Form einer Farbe vorstellen, die das Tier umgibt und schützt.

Bei der zweiten Visualisierung stellen Sie sich einen Magnetstrahl aus Energie vor, der Ihr Herz mit dem Herzen Ihres Tieres verbindet. Spüren Sie, wie der Strahl Sie beide gegenseitig anzieht. Glauben Sie daran, dass der Energiestrahl die Macht hat, das zu schaffen.

Folgen Sie Ihrer Intuition

Wenn Sie nach einem vermissten Tier suchen, werden Sie jede Menge Informationen von anderen erhalten, was Sie am besten tun sollten. Es kann sein, dass Sie viele Hinweise erhalten, wo Ihr Tier steckt. Wenn Sie mehr als einen Tierkommunikator anrufen, könnte es sogar sein, dass Sie viele unterschiedliche Szenarien erhalten. Falls das passiert, ist das der richtige Zeitpunkt, um sich auf Ihre eigene Intuition zu konzentrieren und Ihrer inneren Führung zu folgen.

Übung

Folgen Sie Ihrer Intuition

Stellen Sie sich ganz auf Ihre Intuition ein und fragen Sie sie, was Sie tun müssen, um Ihr Tier wiederzufinden. Schreiben Sie auf, was Ihnen spontan kommt. Stellen Sie sich mit geschlossenen Augen ins Freie und spüren Sie, welche Richtung sich für die Suche nach Ihrem Tier richtig anfühlt. Fragen Sie dann, wie weit Sie gehen müssen. Achten Sie auf alles, was Sie intuitiv spüren, und folgen Sie diesen Weisungen, so weit es Ihnen möglich ist.

Suchen Sie im Schlaf

Im Schlaf sind Sie Ihrer Intuition am nächsten, und Sie können sich den Schlaf für die Suche nach Ihrem Tier zunutze machen. Leute, die mitten in der Suche nach einem vermissten Tier stecken, halten den Schlaf meist für die Verschwendung wertvoller Zeit, doch betrachten Sie ihn stattdessen als nützliche Suchzeit.

Übung
Sich im Schlaf auf die Suche machen

Sagen Sie vor dem Einschlafen: »Ich werde im Schlaf herausfinden, wo mein Tier ist und was ich tun muss, um es wiederzubekommen.« Halten Sie neben dem Bett einen Stift und ein Stück Papier bereit. Notieren Sie beim Aufwachen alles, an was Sie sich aus Ihren Träumen noch erinnern können. Wenn Sie sich an gar nichts erinnern, dann fragen Sie sich einfach: »An was habe ich gerade gedacht?« Schreiben Sie dann auf, was Ihnen einfällt. Wenn Sie das beharrlich durchführen, wird es Sie trainieren, sich an Ihre Träume zu erinnern. Verfolgen Sie jede Spur, die Ihnen im Traum erscheint.

Wann man die Suche aufgeben sollte

Ich rate den Leuten, nicht zu früh aufzugeben. Ich habe schon erlebt, dass Tiere Wochen oder Monate nach ihrem Verschwinden wieder aufgetaucht sind. Auf der anderen Seite kann der Stress einer zu intensiven Suche krank machen. Tun Sie am Anfang alles, was möglich ist – im Quellenverzeichnis finden Sie noch weitere Vorschläge –, klappern Sie dann regelmäßig, aber nicht zu häufig, die Tierheime der Umgebung ab und erneuern Sie Ihre Flugblätter und

Suchanzeigen. Wenn Sie alles in Ihrer Macht stehende getan haben, geben Sie die Kontrolle ans Universum ab und hoffen Sie das Beste. Folgen Sie Ihrer Intuition in der Frage, ob und wie Sie weitersuchen sollen.

Die Suche nach Swerve

Lori Pichurski kämpfte mit der Entscheidung, ob sie aufgeben sollte, als sie ihren jungen Hirtenhund Swerve verlor, der über den Zaun ihres Hundesitters sprang und wegrannte. Swerve ist ein Mudi, eine ursprüngliche und wenig gezähmte Hunderasse, die Menschen gegenüber scheu und sehr klug ist. Lori tat alles, um Swerve wiederzufinden. Sie hängte Poster auf, befragte Nachbarn, klapperte die Gegend ab, sprach mit den Geschäften am Ort, der Polizei, der Feuerwehr und der Bahnpolizei. Sie brachte sogar den örtlichen Fernsehsender dazu, einen Bericht über Swerve zu bringen, und organisierte einen Spürhund, der ihn suchen sollte. Der Spürhund nahm Swerves Witterung auf und führte sie vom Haus des Hundesitters gen Westen in Richtung des Flusses. Dann verlor er die Spur. Drei Wochen lang erhielt Lori eine Menge Anrufe von Leuten, die Swerve gesehen haben wollten. Dann tat sich nichts mehr. Das war der Moment, an dem sie mich um Hilfe bat.

Ich arbeitete an dem Fall und verwies sie auch an meine Kollegin Karen Berke. Karen und ich hatten beide das Gefühl, dass Swerve am Leben war, und wir gaben Lori viele Details zu der Gegend, wo sie suchen sollte. Doch sie konnte ihn immer noch nicht finden. Lori wusste, dass sie eine gute Intuition hat – sie kann ohne Probleme die Gedanken fremder Tiere lesen –, doch wenn es um Swerve ging, war sie blockiert. Eines wusste sie jedoch, und zwar dass Swerve noch lebte. Sie rief uns regelmäßig an, um weitere Informationen zu erhalten, und dann meditierte sie über das, was wir ihr gesagt hatten. Wie sie berichtete, hoben sich kleine Details ab. Ich hatte ihr zum Beispiel gesagt, dass Swerve sich westlich vom Fluss befand, und Karen hatte gespürt, dass er sich in der Nähe von Steppenwölfen aufhielt, aber nicht unter ihnen lebte. Wie ich ihr mitteilte, sah ich mehrere große LKWs auf einem Parkplatz in Swerves Nähe stehen, und Karen sagte, dass er an einem Ort war, an dem sich wildes Gras und gemähte Rasenflächen nebeneinander befanden. Loris Mutter half ihr bei der Suche nach Swerve. Sie zogen gemeinsam los, um auf der Grundlage der Einzelheiten, die Karen und ich ihr nannten, die Gegend zu suchen.

Lori betete auch viel für Swerve. Sie bat die Engel, die sich um Tiere und verlorene Seelen kümmern, um Hilfe. Sie betete täglich, dass es ihm gut ging, und schickte ihm Schutzenergie, um ihn vor den Steppenwölfen zu beschützen.

Ein halbes Jahr nach Swerves Verschwinden erhielt Lori einen Anruf von einem älteren Ehepaar. Sie sagten, sie hätten einen Hund unten am Westufer des Flusses gefüttert, den sie für Swerve hielten. Sie nannten ihn »Geisterhund«, weil er sofort verschwand, als sie ihn entdeckt hatten. Lori wusste zwar nicht, ob es sich bei dem Hund um Swerve handelte, doch sie war auf alles vorbereitet. Sie nahm Kleidungsstücke, die sie erst vor kurzem getragen hatte und an denen ihr Geruch haftete, und Swerves Hundespielzeug mit. Als sie zum Haus der beiden Anrufer kam, rief sie Swerve, doch der Hund ließ sich nicht blicken. Sie ließ die Kleidungsstücke und Spielsachen unten am Fluss zurück. Als sie am nächsten Tag zurückkam, waren alle Gegenstände verschwunden. Da wusste sie, dass der Hund Swerve sein musste.

Lori war darauf vorbereitet, allmählich daran zu arbeiten, sein Vertrauen zu gewinnen, und sie hoffte, dass Swerve sich noch an sie oder ihre Stimme erinnern würde. Als sie am nächsten Tag zum Haus des Ehepaars zurückkam, sah sie Swerve zum ersten Mal in sechs Monaten wieder. Sie kniete sich hin und rief ihn. Dabei warf sie einen Tennisball – eines seiner Lieblingsspielsachen – in die Luft. Swerve schlich um sie herum und näherte sich ihr. Sie rief ihn noch einmal. Da sprang er in ihre Arme und gab ihr Küsschen. Wie sie sagte, war alles an ihm vereist und gefroren. Er war wie ein Eiszapfen. Sie fragte Swerve, ob er mit dem Auto fahren wollte, und ihr Herz blieb stehen, als er aufsprang und von ihr wegrannte.

Swerve

Doch dann sah sie, dass er bloß zu ihrem Truck rannte. Sie öffnete die Wagentür und er sprang auf den Beifahrersitz. Swerve war fahrbereit. Am Abend zu Hause und am nächsten Tag im Trainings-center spielte er mit den anderen Hunden und Menschen, als hätte er nur einen Tagesausflug gemacht.

Swerve hatte sich in einem Gebiet westlich des Flusses aufgehalten. Das war es, was ich gesehen hatte. In dem Gebiet gibt es wildes Gras und daneben einen Golfplatz. Das war die Information, die Karen erhalten hatte. Das Ehepaar, das ihn fütterte, hatte mehrere große Trucks, die neben ihrem Haus parkten. Die hatte ich gesehen. Und wie Karen gesehen hatte, hatte Swerve sich in einer Gegend aufgehalten, die er mit zwei verschiedenen Rudeln von Steppenwölfen teilen musste, die ihn jagten. Die Schutzenergie, die Lori ihm geschickt hatte, war wichtig und wirksam gewesen.

Alle, die Lori bei der Suche nach Swerve geholfen hatten, gaben auf – außer ihrer Mutter. Loris Freunde und Bekannte sagten ihr, sie sei von der Suche nach Swerve besessen, und rieten ihr, die Suche aufzugeben und sich auf ihre anderen Hunde zu konzentrieren. Doch ihr Herz sagte Lori, dass Swerve noch am Leben war. Swerve ist ein intelligenter und wundervoller Hund, der dieses Abenteuer durch ein Wunder überlebt hat. Heute ist er Loris treuer Begleiter, der nicht mehr von ihrer Seite weicht.

9

Mit dem Tod umgehen

Das Schwerste am Leben mit einem Tier ist, wenn man es verliert. Es ist der Preis, den wir für das unglaubliche Erlebnis, ihr Leben mit ihnen teilen zu dürfen, zahlen müssen. Ich habe schon eine Anzahl von Tieren verloren und merke, dass ich dadurch mehr über den Tod erfahren habe. Ich verstehe ihn heute besser und akzeptiere ihn eher. Jeder Todesfall eines Tieres, den ich durchgemacht habe, hat mich etwas anderes gelehrt, zum Beispiel, wann man loslassen muss, wie man diese Entscheidung trifft, wie man spürt, wenn die Seele den Körper verlässt, wie man die Trauer überlebt und wie man sich mit dem Tier verbindet, wenn sein Körper nicht mehr da ist. Ich halte Tierfreunde für Menschen, die auf diesem Planeten ziemlich viel über den Tod wissen. Eines, was ich mit Sicherheit weiß, ist, dass intuitive Kommunikation den ganzen Sterbeprozess von Anfang bis Ende erleichtert – noch leichter kann er nicht werden.

Oft rufen mich Leute an, die sich von mir beraten lassen wollen, ob sie ihrem Tier Sterbehilfe leisten sollen oder nicht. Ich rate ihnen, die Entscheidung von der Lebensqualität des Tieres abhängig zu machen. Wenn sein Leben ziemlich reduziert ist, könnte es an der Zeit sein, dem Tier beim Sterben zu helfen. Versuchen Sie abzuschätzen, wie sehr Ihr Tier leidet. Wenn das Tier zum Beispiel Schmerzen hat, die sich nicht lindern lassen, wenn es nicht mehr frisst und am Verhungern ist oder nicht mehr aufstehen kann, dann ist es womöglich barmherziger, es gehen zu lassen. Ich bin kein Anhänger des natürlichen Todes um jeden Preis. Auf der anderen Seite erleben manche Tiere einen ganz friedlichen Sterbeprozess und brauchen unsere Sterbehilfe nicht.

Hier ist die intuitive Kommunikation hilfreich. Sie können Ihr Tier fragen, was es will. Das Tier wird es Ihnen mitteilen. Ich kann mich noch gut an das Gespräch mit meiner schwarzen Labradorhündin Daisy an dem Morgen, an dem sie nicht mehr aufstehen konnte, erinnern. Ich fragte sie, ob sie jetzt gehen wollte, und sie sagte mir eindeutig ja. Ich war sicher, dass der richtige Zeitpunkt gekommen war, sie gehen zu lassen, auch wenn ich sie wahrscheinlich noch länger am Leben hätte erhalten können. Sie wollte nicht weiterleben, ohne aufstehen zu können. Das war ganz einfach etwas, was Daisy nicht wollte. Andere Tiere haben damit womöglich kein Problem. In so einer Situation müssen Sie sich auf Ihre Emotionen und Ihre Intuition konzentrieren und das tun, was sich für Sie und Ihr Tier richtig anfühlt. Die Entscheidung, wann Leben endet, bleibt Ihnen beiden überlassen.

Wann ist die Zeit gekommen, zu gehen?

Wenn Sie Ihr Tier verstehen können, ist das enorm hilfreich, wie die beiden folgenden Berichte von der professionellen Tierkommunikatorin Irene Bras zeigen. Vor mehreren Jahren rettete Irene zwei Katzen in Italien. Eines der beiden Tiere, der Kater Lohengrin, war schwerkrank, doch Irene war sicher, dass er es schaffen würde, obwohl alle ihre Bekannten ihr rieten, ihn einschläfern zu lassen. Als sie ihn aufnahm, hatte sie erst ein paar Unterrichtseinheiten bei mir absolviert und war sich ihrer intuitiven Fähigkeiten noch unsicher – bis eines Tages sechs Monate nach seiner Rettung. An diesem Nachmittag hörte sie ihn ganz deutlich sagen: »Ich will jetzt den Übergang.« Er ließ sie auch wissen, dass er zu ihr gekommen war, um in Frieden zu sterben, nachdem er erleben durfte, was es hieß, geliebt zu werden. Irene machte sofort einen Termin mit dem Tierarzt aus, der Lohengrin helfen würde zu sterben. Sie sagt, sie sei immer noch dankbar für die Unterstützung, die der Kater ihr auf ihrem intuitiven Weg gegeben habe.

Irene mit ihrem Hund

Eine andere von Irenes Katzen, Tjalinka, erkrankte und fing an, rapide an Gewicht zu verlieren. Wie sich herausstellte, versagten ihre Nieren. Irene begann, sich intensiv um sie zu kümmern; auch fütterte sie Tjalinka dreimal am Tag mit der Hand. Zwischen den beiden bildete sich ein ganz besonderes Band, und Irene bewunderte Tjalinka für ihre positive Einstellung.

Eines Tages fing Irene jedoch an, sich ernsthaft Sorgen um Tjalinka zu machen. Bilder dessen, was geschehen könnte, zogen an ihr vorbei. Als Tjalinka das merkte, sagte sie Irene, dass es so nicht funktionieren würde. Sie brauche ihre Freiheit, um selbst entscheiden zu können, wann ihre Zeit gekommen sei. Sie bat Irene, im Augenblick zu leben, weiterhin die gemeinsame Zeit zu genießen, und aufzuhören, sich darüber Sorgen zu machen, was sie verlieren würden. Irene wurde dabei klar, dass dies eine Tendenz in ihrem Leben ist: sich darüber Gedanken zu machen, was sie verlieren könnte, statt das zu genießen, was sie habe.

Sobald ihr das klar geworden war, hatte Tjalinka die Freiheit, ihre eigene Entscheidung über den Zeitpunkt des Übergangs zu treffen. Ihr Tod war mühelos. Ohne Schwierigkeiten beendete sie ihre Reise von alleine, und bevor sie starb, sagte sie Irene, dass sie eingeäschert werden wollte. Irene hatte keine Zeit mehr gehabt, mit ihr zu besprechen, ob sie begraben oder eingeäschert werden wollte, doch dann gab Tjalinka ihr die Antwort, die sie brauchte.

Übung

Die Wünsche Ihres Tieres herausfinden

Bevor Ihr Tier stirbt, fragen Sie es, was es sich zum Tod wünscht. Möchte es ein Fest, zu dem all Ihre Freunde eingeladen werden und alle tanzen? Will es begraben werden, und wenn ja, wo? Will es eingeäschert werden? Schreiben Sie die Eindrücke auf, die Sie zu seinen Wünschen erhalten.

Sie können auch bei der Frage, ob das Tier eingeschläfert werden soll, seinen eigenen Wunsch herausfinden. Bitten Sie Ihr Tier, Ihnen zu sagen, ob es Sterbehilfe möchte. Schreiben Sie unverzüglich Ihre Eindrücke auf und gehen Sie davon aus, dass sie von Ihrem Tier kommen. Wenn Ihr Tier Hilfe beim Sterbeprozess wünscht, fragen Sie es, ob es Ihnen ein Zeichen geben kann, wenn der richtige Zeitpunkt gekommen ist, damit Sie wissen, dass es nun für die Sterbehilfe bereit ist. Bitten Sie es um ein deutliches Zeichen. Notieren Sie die Eindrücke, die Sie über die Art dieses Zeichens erhalten.

Abschied nehmen

Es hilft, sich auf den Tod vorzubereiten. Als eine der ersten Maßnahmen sollten Sie dafür sorgen, dass Sie Ihrem Tier alles gesagt haben, was es wissen soll. Sagen Sie ihm, wie sehr Sie es geliebt haben und für was Sie ihm alles dankbar sind.

Übung

Lassen Sie Ihr Tier wissen, dass Sie es lieben

Sagen Sie Ihrem Tier durch intuitive Kommunikation alles, was Sie an ihm lieben, alles, was Sie von ihm gelernt haben, und die Gründe, warum Sie froh sind, es in Ihrem Leben gehabt zu haben. Hören Sie auf das, was es Ihnen zu sagen hat. Achten Sie auf sämtliche Eindrücke, die Sie erhalten, und halten Sie sie schriftlich fest. Gehen Sie davon aus, dass sie von Ihrem Tier kommen. Diese Übung ist vor allem dann nützlich, wenn Sie wissen, dass Ihr Tier bald sterben wird. Wenn sein Tod plötzlich kommt, können Sie dieses Gespräch zu jedem Zeitpunkt mit der Seele Ihres Tieres führen. Es ist nie zu spät, Ihren Tieren zu sagen, dass Sie sie lieben, ganz egal, wie viel Zeit schon vergangen ist.

Wenn sie von uns gehen

Manchen Menschen fällt es sehr schwer, während des Sterbeprozesses bei ihrem Tier zu bleiben. Auch wenn ich das verstehen kann, glaube ich, dass sie etwas ganz Wichtiges versäumen. Ich habe es als eine tiefgründige und heilende Erfahrung erlebt, während des Sterbens neben einem Tier zu sitzen und hinterher bei seinem Körper zu bleiben. Ich bleibe so lange es dauert, um das Gefühl zu erhalten, dass die Seele des Tieres sich entfernt oder sich außerhalb der irdischen Hülle befindet. Bei manchen Tieren geschieht das sofort; bei anderen dauert es länger. Wenn Sie die Seele Ihres Tieres spüren können, wird Ihnen bewusst, dass Ihr Tier sich niemals völlig von Ihnen entfernt. Diese Erfahrung wollen unsere Tiere uns lehren.

Leo

Lynne Kasuba und Corky Ferris holten sich von ihrem Kater Leo die Zeichen, wann das Ende seines Lebens gekommen war. Lynne beschreibt Leo als einen willensstarken Kater, der ihr und ihrem Mann mit der Pfote so lange ans Bein schlug, bis er seinen Willen durchgesetzt hatte. Er war eine lustige Persönlichkeit und hatte einen internationalen Fanclub. Wie Lynne sagt, waren sie und ihr Mann völlig aufgelöst, als der Tierarzt ihnen eröffnete, dass Leos Nieren allmählich versagten. Trotzdem tat Leo so, als würde ihm nichts fehlen. Sie beobachteten, dass der Kater nun öfters allein in den Garten ging und Stellen aufsuchte, an denen er sich früher nicht aufgehalten hatte. Dort saß er stundenlang. Lynne und Corky hatten das Gefühl, dass er von den geliebten Dingen in seinem Leben Abschied nahm: von der Schönheit, den Düften und den Menschen.

Lynne und Leo

Noch für vier Monate nach seiner Diagnose blieb Leo stark und fraß genug. Sie gaben ihm jeden Tag Flüssigkeiten und er nahm sogar zu. Doch am letzten Tag war ihnen klar, dass nun alles anders war. Er verweigerte die Flüssigkeiten; er wollte noch nicht einmal von Corky gefüttert werden. An jenem Tag folgte Lynne dem Kater auf Schritt und Tritt. Wenn sie ihn in den Armen hielt, sah er sie unverwandt mit seinen goldenen Augen an. Dann drehte er sich wie ein junges Kätzchen um und steckte den Kopf in ihre Armbeuge. Leo liebte es, geschmust zu werden. Wie Lynne an diesem Tag lernte, ist es weitaus besser, einem sterbenden Tier nahe zu sein als weit weg von ihm.

In der letzten Nacht seines Lebens sagten Lynne und Corky Leo »Gute Nacht« und legten ihn auf seine Couch. Zu dem Zeitpunkt konnte Leo nicht mehr gehen oder springen. Sie sagten ihm, dass sie ihn liebten, dass es in Ordnung sei, wenn er nun von ihnen gehen müsse, und dass sie ihn wiedersehen würden. Am nächsten Morgen fanden sie seinen Körper vor dem Kamin ausgestreckt vor.

Den ganzen Tag über behielten sie ihn im Auge. Orangefarbene Schmetterlinge tauchten aus dem Nichts auf und kamen an alle Fliegengitter und Fenster des Hauses geflattert. Lynne und Corky waren sicher, dass sie ein Zeichen waren, das Leos Seele ihnen geschickt hatte. Den ganzen Tag über weinten sie und gedachten seiner. Am Abend hielten sie sein Begräbnis ab. Sie legten ihn in einen wunderschönen Kissenbezug aus Seide, den Lynne genäht hatte, und vergruben ihn an einer Stelle, die Corky während der Arbeit im Auge behalten konnte. Sie sprachen ein Gebet, während die Schmetterlinge einen ungewöhnlichen Tanz aufführten, den sie vorher noch nie gesehen hatten und auch hinterher nie mehr erlebten. Wie Lynne berichtet, wissen Corky und sie, dass Leos Seele immer noch bei ihnen ist. Sie haben ihn sogar schon aus dem Augenwinkel gesehen und nachts seine Gegenwart auf dem Bett gespürt.

Mit der Trauer umgehen

Der einzige Weg, aus der Trauer herauszugehen, ist, durch sie hindurchzugehen. Sonst bleibt sie in Ihrem Körper eingesperrt. Machen Sie sich klar, dass Sie verzweifelt sein werden, wenn Ihr Tier stirbt, und dass es Zeit brauchen wird, die Trauer zu verarbeiten, doch dass Sie sie überleben können und werden. Kräuter mit beruhigender Wirkung, wie zum Beispiel Kamillentee, und Blütenessenzen wie »Rescue Remedy« sind nützlich. Auch das homöopathische Mittel Ignacia amara sowie Lavendelduftöl als Aromatherapie können helfen.

Kümmern Sie sich besonders liebevoll um Ihren Körper und Ihre Gefühle, während Sie trauern. Machen Sie Aerobic, gönnen Sie sich Massagen, nehmen Sie öfter ein heißes Bad und gehen Sie in die

Sauna, damit die Trauer durch Ihr Körpersystem fließen kann. Schlafen Sie viel. Leihen Sie sich lustige Spielfilme aus, um sich wieder zum Lachen zu bringen, doch erlauben Sie sich auch, Ihren Tränen freien Lauf zu lassen. Machen Sie sich klar, dass nicht jeder verstehen wird, was Sie gerade durchmachen. Vermeiden Sie Gespräche mit Leuten, die kein Mitgefühl für Ihre Situation haben. Wenn Sie keine Vertrauten haben, dann suchen Sie sich an Ihrem Ort eine Tierschutzorganisation, die eine Therapiegruppe für Menschen anbietet, die ihr Tier verloren haben.

Vielleicht stellen Sie fest, dass Ihre übrigen Tiere genauso um den verstorbenen Tierkameraden trauern wie Sie. Sprechen Sie mit ihnen über das Geschehene und trösten Sie sie, so gut Sie können. Manche Mittel, die Ihnen gut tun, werden auch Ihren Tieren helfen, wie zum Beispiel Massagen und Bewegung. Sie können auch einen ganzheitlichen Tierarzt wegen emotionaler Heilmittel wie zum Beispiel Kräuter, Essenzen und homöopathische Mittel konsultieren.

Sich mit der Seele verbinden

Von allen Dingen, die ich versucht habe, um mit dem Tod meiner Tiere fertig zu werden, hilft mir am meisten das Bewusstsein, dass meine Tiere nur physisch gegangen sind; ihre Seelen sind immer noch hier bei mir, und das für immer. Jetzt spreche ich mit den Seelen der Tiere, die gestorben sind. Ich weiß, dass sie da draußen sind, mich hören und mir antworten können. Ich bitte sie um Zeichen, die mir bestätigen, dass sie da sind. Ihre Zeichen sind für mich der Beweis, dass ihre Seelen immer noch bei mir sind. Das hilft mir, mein Leben weiterzuleben und die Trauer hinter mir zu lassen.

Cherokee

Barb Fenwick hat mir diese Geschichte über ihre Verbindung mit der Seele ihres Pferdes geschickt. Wie sie sagt, war es vielleicht der traurigste Tag ihres Lebens, als sie ihren sechzehnjährigen Appaloosa Cherokee einschläfern lassen musste. Er war in seinem Vorleben schlecht versorgt worden und hatte dadurch körperliche Dauerschäden, gegen die sie nichts tun konnte. Als er so starke Schmerzen hatte und so mühsam atmete, dass sie es für grausam hielt, ihn noch länger leiden zu lassen, fasste sie den Beschluss, ihn einschläfern zu lassen.

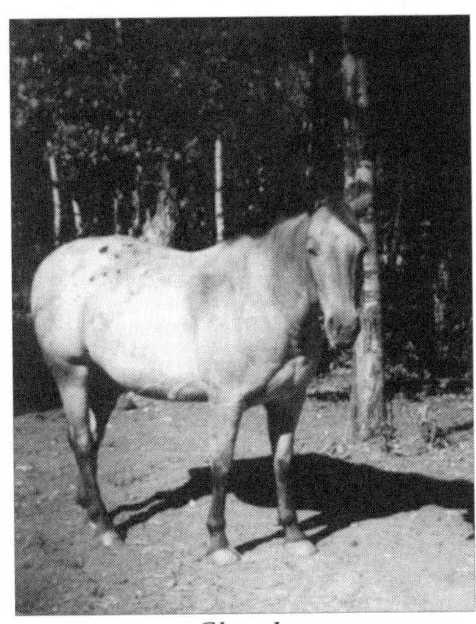

Cherokee

Cherokee schien ihre Gründe nicht zu hinterfragen, als sie ihm ein riesiges Frühstück aus Hafer und süßem Alfalfa-Heu servierte, das nicht auf seinem täglichen Speiseplan stand. In der Ferne hob ein Traktor auf der Weide ein Loch aus, das groß genug für ein Pferd war. Sie führte Cherokee und seinen besten Freund, das gefleckte Tennessee Walking Horse Spirit, auf die Weide und blieb mit ihnen auf einem kleinen Hügel stehen, der geschützt lag und den sie sorgfältig ausgesucht hatte. Der örtliche Tierarzt war da, und dazu ihr guter Freund und Nachbar, der das Loch gegraben hatte, sowie ihr Mann – alle hatten sich auf ihre eigene Art darauf vorbereitet, das, was sie gleich tun würden, zu akzeptieren und richtig damit umzugehen.

Sie machte ihren letzten Spaziergang mit Cherokee hinunter in die riesige Grube und verabschiedete sich von einem Pferd, das eigentlich noch zu jung zum Sterben war, aber schon genug gelitten hatte. Seine Lunge war von paroxysmaler Dyspnoe (einer Bronchialkrankheit) geschädigt, und das machte jeden Atemzug mühsam und schmerzhaft. Sie sprach leise unter Tränen zu ihm, während sie voneinander Abschied nahmen. Er blieb still stehen, während der Tierarzt die Flüssigkeit einspritzte, die sein Leben schnell und schmerzlos beenden würde. Spirit sah von der Hügelkuppe aus zu; seine Abschiedsworte an Cherokee waren lautlos. Es war auch für ihren Nachbarn ein trauriges Ereignis. Er hatte denselben Tag und Ort gewählt, um seinen treuen alten Hund Sam zu beerdigen. Cherokee und der Hund wurden gemeinsam auf »Cherokee Hill« begraben.

Aus Sommer wurde Winter, und die Weide, auf der Cherokees Grab lag, wurde zu Barbs Langlaufskistrecke. Eines Tages beschloss sie, eine Pause zu machen und sich ihre Skier für eine Runde ums Grundstück anzuschnallen. Sie war noch nicht weit gekommen und ganz in der Nähe von Cherokee Hill, als sie plötzlich das aufgeregte Zwitschern einer Kohlmeise vernahm. Der Vogel flatterte über ihren Kopf und landete fast in ihrer Reichweite auf einem Ast. Dort hockte er zwitschernd, während sie stehen blieb. Dann flog er ihr voraus die Langlaufpiste entlang, die im Schatten von Cherokee Hill lag. Dort schien er regelrecht auf sie zu warten. Wieder flog er über ihren Kopf hinweg und landete auf einem Zweig so nahe neben Barb, dass sie ihn hätte berühren können. Abgesehen von der Kohlmeise war im Wald und auf den Hügeln alles ganz still; nur der beharrliche Vogel saß da und zwitscherte aufgeregt, als wollte er ihr eine dringende Botschaft überbringen. Schließlich flog er weg. Ungefähr einen halben Kilometer weiter tauchte die Kohlmeise wieder auf. Diesmal wäre sie fast auf Barbs Schulter gelandet. Der Vogel flog über sie hinweg und landete auf einem Zaunpfosten in der Nähe. Wieder hockte er sich hin, um kurz für sie zu singen. Dann verschwand er hinter dem Feld. Er hatte ihr zwar eine ungewöhnliche Vorstellung gegeben, doch sie dachte nicht weiter daran, während sie ihren Langstreckenlauf fortsetzte.

Am nächsten Tag war sie mit einer Freundin auf derselben Strecke unterwegs. Als sie die Stelle erreicht hatten, an der die Kohlmeise zuletzt aufgetaucht war, entdeckte Barb etwas mitten auf dem Weg im Schnee. Als sie näher kamen, erkannte sie, dass es sich um ein Vogelnest handelte. Sie verstand nicht, was ein Vogelnest im Winter mitten auf dem Feld machte. Es standen keine Bäume in der Nähe. Barbs Freundin sagte: »Heb es auf. Vielleicht bringt es dir ja Glück.«

Zerstreut steckte Barb das Nest in ihren Rucksack und sie setzten den Weg fort. Sie hatte das Vogelnest am nächsten Tag ganz vergessen, als sie den Rucksack leerte. Sie holte das Nest heraus und betrachtete es näher. Sie staunte, als sie kunstvoll in die feinen Fasern des Nests eingewobene Pferdehaare entdeckte – und nicht etwa irgendwelche Pferdehaare, sondern Haare von *Cherokees* Mähne und Schweif. Von allen Pferden, die Barb hielt, war er der einzige, dessen Haare einen goldenen Schimmer besaßen, die so einzigartig wie die Flecken auf seinem Hinterrücken waren. Da dämmerte ihr plötzlich, dass die Auftritte der Kohlmeise eine ganz besondere Bedeutung hatten. Ein Nest, in das Cherokees Haare eingewebt waren, im Winter mitten auf dem Feld direkt auf ihrer Strecke zu finden war kein Zufall – es war eine Nachricht. Barb fühlte, dass es Cherokee gewesen war, der gekommen war, um ihr zu sagen, dass es ihm gut ging. Da wusste sie, dass er nicht wirklich weg war, sondern nur Flügel angenommen hatte.

Dylan

Keiner hat mir deutlicher gezeigt, dass die Seele weiterlebt, als mein Pferd Dylan. Auch wenn er schon dreiundzwanzig Jahre alt war, als er starb, war ich am Boden zerstört. Ich glaube, der Grund dafür war, dass ich die ganzen Jahre über, in denen ich Dylan hatte, versucht hatte, seine körperlichen Symptome zu heilen und ihn nie ganz gesund machen konnte. Mein Traum war gewesen, mit ihm im Gelände zu reiten, und davon konnten wir in seinem Leben nur wenig umsetzen. Ich hasste es, diesen Traum aufzugeben, da wir so nahe dran gewesen waren, ihn zu erreichen. Ich hatte meine Angst, ihn zu reiten, überwunden und ihn dazu trainiert, im Gelände ruhig und entspannt zu sein. Das Problem war sein Körper. Er war resistent gegen Insulin und hatte Hufrehe (Laminitis)[1] entwickelt. Nach seinem Tod fand ich heraus, dass er zahlreiche interne Geschwüre hatte, die verhinderten, dass er sein Futter verdauen konnte.

Marta und Dylan

Als deutlich wurde, dass er nicht überleben würde, wies ich den Tierarzt an, ihn einschläfern zu lassen. Auch wenn ich schon so oft Abschied von Dylan genommen hatte, war ich von Trauer überwältigt.

Ein paar Tage nach seinem Tod fing ich an, eine Melodie im Ohr zu haben. Ich kannte zwar den Titel des Lieds nicht, doch ich kannte jemanden, die ihn wusste. So rief ich sie an und fragte sie. Sie sagte, das Lied heiße »Touched by a Rose from the Grave« *(Von einer Rose aus dem Grab berührt)*. Sobald ich den Namen des Lieds herausgefunden hatte, fingen auf meinem ganzen Grundstück Rosen an zu blühen. Dann fingen Leute an, mir plötzlich Rosen zu schenken und mir Karten mit Rosen zu schicken.

Ich sagte Dylan: »Okay, ich hab es kapiert. Du bist noch da.« Noch monatelang spielte dieses Lied, immer wenn ich das Radio im Stall anmachte. Mehrmals ertönte das Lied im Radio, während ich an der Ausfahrt zur Tierklinik vorbeifuhr, in der Dylan seine letzten Tage verbracht hatte. Als meine Barhufpflegerin kam, um die Hufe meiner anderen Pferde zu trimmen, schalteten wir das Radio ein – und wieder ertönte dieses Lied.

Anscheinend reichte das Dylan noch nicht als Beweis. Er wollte mir noch mehr Beweise schicken. Eines Tages saß ich unten in seinem alten Stall und weinte wieder einmal um ihn. Als ich den Kopf hob, sah ich plötzlich Hunderte von Libellen umherschwirren. So etwas hatte ich auf meinem Grundstück noch nie gesehen. Dasselbe passierte noch einmal, als meine Hufpflegerin da war, am selben Tag, als das Lied im Radio kam. Ich nahm intuitive Verbindung mit Dylan auf und sagte ihm, wie fantastisch es war, dass er mir so viele Zeichen schickte. Ich sagte ihm, dass ich es endlich begriffen hatte: Ich durfte zwar trauern, aber nicht zu traurig sein, weil seine Seele immer noch da war und immer bei mir bleiben wird.

Marta und Rio

Dann schickte er mir das letzte Zeichen. Im Grunde war es sein Geschenk an mich. Meine Trimmerin Tiffany und Sarah, eine andere Freundin von mir, riefen mich an und sagten: »Wir werden dir einen Wallach bringen. Du darfst nicht nein sagen. Da wo er jetzt ist, wird er sterben. Komm her und sieh ihn dir an, und dann bringen wir ihn noch diese Woche zu dir.« Ich fuhr hin, um ihn mir anzusehen. Er war ein sehr elend aussehender Araber, der Untergewicht hatte und von der Stute, mit der er zusammen auf der Weide stand, heftig gebissen und getreten worden war. Er hatte chronischen Durchfall und einen schwankenden Gang, und er wirkte uralt. Tiffany hatte Recht: Wenn wir ihn nicht retteten, würde er wahrscheinlich nicht überleben. Also stimmte ich zu.

Nachdem sie ihn mir gebracht hatten, sagten sie mir, er sei ein Ausdauerpferd gewesen, doch ich dachte mir dabei nicht viel, da ich davon ausging, dass er nie mehr geritten werden könnte. Ich irrte mich gewaltig. Sobald ich seine Ernährung umstellte, hörte sein Durchfall auf und er nahm wieder an Gewicht zu. Durch Tiffanys Trimmen wurden seine Füße besser. Auf meinem Grundstück konnte er sich viel bewegen und die Hügel hinauf und hinunter steigen, und so wurde sein Rücken besser und seine Muskeln bauten sich langsam wieder auf. Vor allem hatte er wieder Hoffnung und wurde vor meinen Augen wieder jung. Mittlerweile sind Rio und ich miteinander campen gegangen – noch ein Lebenstraum von mir – und sind ein paar Kilometer geritten. Wir haben noch einen mühsamen Weg vor uns, doch ich lebe jetzt den Traum mit Rio, den ich mit Dylan umsetzen wollte, und ich weiß ohne jeden Zweifel, dass Dylan mir Rio geschickt hat. Das war sein Geschenk an mich als Dank für meine Liebe zu ihm.

Übung
Wenn sie von uns gegangen sind

Wenn Ihr Tier von Ihnen gegangen ist, sagen Sie ihm, wie sehr Sie es vermissen und wie schwer es für Sie ist. Entschuldigen Sie sich dafür, wenn im Leben des Tieres oder während des Sterbeprozesses etwas nicht so gut gelaufen ist. Bitten Sie Ihr Tier um Zeichen, dass es noch da ist und über Sie wacht.

Nun hören Sie zu, was es Ihnen zu sagen hat. Achten Sie auf alle Eindrücke, die Sie erhalten, und schreiben Sie sie auf. Gehen Sie davon aus, dass sie von Ihrem Tier kommen. Achten Sie auch auf alle Zeichen, die von Ihrem Tier kommen könnten, um Ihnen dadurch zu beweisen, dass es noch da ist und über Sie wacht.

Kommst du wieder?

Anfangs glaubte ich nicht daran, dass Tiere reinkarnieren und in einem anderen Körper wieder zurückkommen könnten, doch nach Jahren der Kommunikation mit Tieren und der Erlebnisse anderer

Leute, die sie mit mir geteilt haben, glaube ich heute, dass es tatsächlich so ist. Ich weiß, dass es vielen schwerfällt, das zu akzeptieren oder zu glauben. Ich will niemanden davon überzeugen, sondern nur aufzeigen, was ich mittlerweile über das Leben nach dem Tod vermute.

Ich glaube, dass unsere Tiere sehr gern mit uns zusammen sind, und dass sie immer wieder in diesem Leben und in späteren Leben zurückkommen, um bei uns sein zu können. Ich glaube auch, dass sie den Weg zu uns finden; wir müssen dafür kaum etwas tun, außer darauf zu achten und angemessen zu reagieren, wenn wir spüren, dass mit einem Tier, das uns im Leben sozusagen über den Weg läuft, ein besonderer Bezug oder besondere Umstände verbunden sind. Wenn meine Tiere sterben, sage ich ihnen, dass ich sie liebend gern zurückhaben würde, und bitte sie, mich zu finden und mir deutlich zu machen, ob und wann sie zu mir zurückkommen. Es bleibt ihre eigene Entscheidung. Dann lasse ich los und warte ab, was geschieht.

Ich warte immer noch auf Dougal, den schokoladenbraunen Wolfshund, den ich in Kapitel 6 beschrieben habe. Er vermittelte mir das deutliche Gefühl, in seinem nächsten Leben ein ganz kleiner Hund sein zu wollen. Seit seinem Tod sind schon mehrere Jahre vergangen und bisher hat sich noch nichts Außergewöhnliches zugetragen. Doch ich achte darauf, nicht zu ungeduldig zu sein. Dougal wird zurückkommen, falls und wenn er dafür bereit ist, und dann wird er mich finden und es mich auch wissen lassen. Davon bin ich überzeugt. Vielleicht finde ich dann auf der Straße einen kleinen Hund, der ausgesetzt wurde, oder eine Freundin ruft mich an und sagt, dass sie einen kleinen Hund hat, den sie nicht behalten kann. Irgendwas gibt mir die Sicherheit, dass Dougal wieder zu mir zurückkommen wird.

In meinem Buch *Ohne Worte* findet sich ein Kapitel von Geschichten, die mir Menschen erzählt oder zugeschickt haben und in denen sie ihre Erlebnisse schildern, auf welchen Wegen frühere Tiere wieder zu ihnen zurückgekommen sind. Hier ist eine meiner Lieblingsgeschichten aus diesem Kapitel.

Calypso

Meine Schwester Anne bat mich um eine kommunikative Sitzung mit einem Wallach, der auf einem Reiterhof untergebracht war und dessen Sponsorin sie war. Es handelte sich um ein ausgedientes Springpferd, das auf Pferdeshows gezeigt worden war. Das Pferd hieß Garth und war dem Pferdehof als Unterrichtspferd vermittelt worden. Der große Wallach Garth ist eine Mischung aus einem irischen Zugpferd und einem irischen Zuchtpferd. Als ich intuitive Verbindung mit ihm aufnahm, sagte er mir, wie lieb er Anne hat und wie gern er ihr Pferd wäre. Wie er beharrte, sollte sie unbedingt einen Weg finden, um ihn zu erwerben. Dann kamen mir plötzlich Bilder eines Pferds namens Calypso, das Anne in ihrer Jugend gehört hatte. Auch Calypso war ein Springpferd gewesen. Während ich mich mit Garth unterhielt, war es mir unmöglich, die Eindrücke von Calypso zu unterdrücken, die sich immer wieder dazwischenschoben. Schließlich fragte ich Garth, ob er Calypso in einem neuen Körper sei. Er bestätigte es, und das war auch der Grund, warum es ihm so wichtig war, mit Anne zusammen zu sein. Meine Unterhaltung mit Garth verlief äußerst emotional, und es machte mir ein wenig Sorgen, das Thema meiner Schwester gegenüber anzuschneiden. Ich ging nicht davon aus, dass sie wirklich glauben würde, Calypso könnte als anderes Pferd wieder in ihr Leben zurückkehren. Auch wollte ich sie nicht traurig machen, indem ich die Erinnerungen an Calypso wieder wach werden ließ. Anne hatte Calypso mehr als jedes andere ihrer Pferde geliebt, doch sie hatte ihn wegen einer Beinverletzung in seinen besten Jahren einschläfern lassen müssen.

Trotzdem erzählte ich ihr, was die Kommunikation mit Garth ergeben hatte. Ich war geschockt, als sie mir offenbarte, dass sie dasselbe Gefühl hatte. Wie sie sagte, war es Liebe auf den ersten Blick, als sie Garth auf dem Pferdehof zum ersten Mal geritten hatte. Sie hatte das Gefühl, ihn schon ihr ganzes Leben lang zu kennen. Während andere auf dem Hof Angst hatten, den hochgewachsenen kastanienbraunen Wallach zu reiten, fühlte Anne sich auf Garth sicherer als auf jedem anderen Pferd, das ihr seit Calypso begegnet war. Für sie war er ein sanfter Riese, der ihr das Gefühl des zurückgekommenen Calypsos gab. Immer wenn sie ihn ritt, tauchte dieses Gefühl auf.

Schließlich war sie überzeugt, dass er wirklich ihr alter Freund Calypso aus der Jugendzeit war, der zurückgekehrt war, um wieder bei ihr zu sein. Das Dilemma war, dass der Reiterhof Garth nicht gehen ließ, da er ein gutes Unterrichtspferd war und der Reiterhof ihn so lange behalten wollte, bis er für den Reitunterricht nicht mehr taugte. Anne war verzweifelt. Sie hatte Calypso zwar wiedergefunden, konnte ihn aber nicht haben und für ihn sorgen.

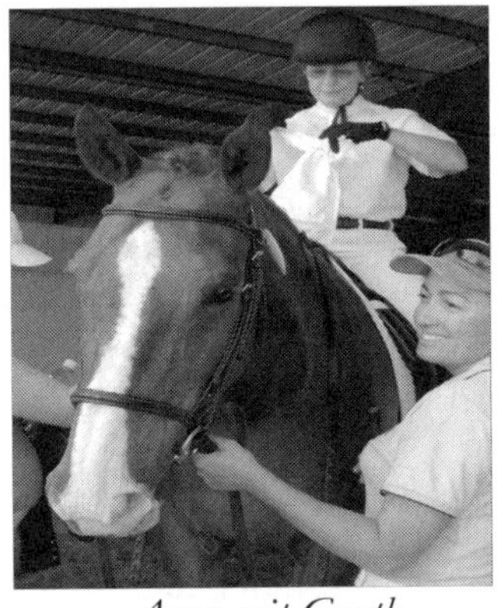

Anne mit Garth

Ich gab ihr Ratschläge, wie sie ihre Willenskraft und die Manifestationstechniken einsetzten konnte, um die Lage so zu verändern, dass er ihr Pferd werden könnte. Auch mit Garth sprach ich darüber und riet ihm, diese Änderung durch seine Willenskraft zu manifestieren.

Nach der Sitzung bekam Anne viel zu tun und verbrachte deswegen weniger Zeit auf dem Reiterhof. Sie war zwar immer noch Garths offizielle Sponsorin, die sich besonders um ihn kümmerte und ihn erben würde, wenn er nicht mehr als Reitpferd taugte. An einem Wochenende hatte sie immer wieder das Gefühl, Garth unbedingt besuchen und reiten zu müssen. Doch vieles hielt sie davon ab – Bekannte hatten sie zu einer Veranstaltung eingeladen, die an diesem Wochenende stattfand, und eine Freundin, mit der sie zum Reiten auf den Pferdehof gehen wollte, sagte kurzfristig ab. Aber irgendetwas in ihrem Inneren zog sie zu Garth. Als sie auf dem Reiterhof ankam, fand sie ihn am anderen Ende der Koppel vor, und als sie ihn rief, rührte er sich nicht. Etwas war ganz und gar nicht in Ordnung. Garth war von einem anderen Pferd auf der Koppel ins Bein getreten worden und war ernsthaft verletzt. Die Besitzer des Reitstalls hatten kein Geld für die dringend benötigte Operation, durch die Garth wieder gesund werden würde. Anne zückte ihre Kreditkarte und sagte: »Ich bezahle die Operation – und Garth gehört jetzt mir.« Wäre sie nicht dort gewesen, dann wäre Garth wahrscheinlich noch am selben Tag eingeschläfert worden.

Garth wurde operiert, und nach sechs Monaten Reha ist er heute wieder vollkommen gesund. Mittlerweile nimmt er an Dressurwettkämpfen teil und ist ein Star unter den Sportpferden. Er liebt seine Arbeit, er liebt sein neues Leben in Freiheit und ist unendlich glücklich, mit einem Menschen zusammen zu sein, der ihn wirklich liebt. Das Schönste von allem ist, dass er und Anne in diesem Leben noch ein Happy End bekommen haben.

Übung

Kommst du wieder?

Sagen Sie Ihrem Tier, dass es Sie sehr glücklich machen würde, wenn es in einem anderen Tierkörper zu Ihnen zurückkäme. Lassen Sie es wissen, wie Sie es gern wiederhaben würden, wenn es dem Tier möglich ist. Teilen Sie auch dem Universum mit, was Sie sich wünschen. Bitten Sie nun Ihr Tier, dafür zu sorgen, dass es zurückkommt, Sie findet und Ihnen ganz klarmacht, dass es wieder da ist. Lassen Sie diese Bitte los und senden Sie sie ins Universum aus.

Nun hören Sie zu, was Ihr Tier Ihnen zu sagen hat. Achten Sie auf sämtliche Wahrnehmungen, die Sie erhalten, und notieren

Sie sie. Haben Sie irgendwie den Eindruck, dass es zu Ihnen zurückkommen will, wann das der Fall sein könnte, in welcher Form es zurückkommen möchte (seine Vorstellungen könnten sich von Ihren eigenen Wünschen unterscheiden!), und welche Zeichen es Ihnen geben wird, wenn es zurückkommt? Schreiben Sie sämtliche Eindrücke auf, die Sie empfangen, und prägen Sie sie sich gut ein. Achten Sie darauf, wenn irgendwann in der Zukunft etwas Ungewöhnliches in Verbindung mit einem Tier geschieht, das in Ihrem Leben auftaucht oder von dem Sie hören. Es könnte eines der Tiere sein, die zurückgekommen sind, um noch ein Leben mit Ihnen zu verbringen.

10

Die intuitive Stimme in der Wildnis

Wie meine Klientin Lorraine Smith mir erzählte, wurde sie nach ihrem Umzug von Schottland in die USA von allen für etwas seltsam angesehen, weil sie es sich angewöhnt hatte, laut mit Tieren zu sprechen, als würden die Tiere sie verstehen. Lorraine hatte diese Angewohnheit von ihrer Großmutter und deren Freunden übernommen. Einer dieser Freunde war Mrs. Gillies, und Lorraine mochte sie besonders gern. Lorraines Großmutter und Mrs. Gillies kannten sich vor allem gut bei den Vögeln aus und gaben ihnen sogar Namen. Sie alle sprachen zu einer Amsel namens Blackie, die sich ganz nahe vor sie hin auf den Zaun setzte und sich munter mit ihnen unterhielt. Dann sagten sie: »Hallo, Blackie, hattest du einen aufregenden Tag?« oder »Erzähl uns eine Geschichte, Blackie!«, und dann fing er an zu zwitschern. Die Amsel erhielt immer Feedback und Mitgefühl von den Frauen, die Dinge wie »Ist das wirklich so, Blackie?« oder »Oje – das ist alles an einem Tag passiert?« sagten. Lorraine hörte den Frauen zu und erinnert sich deutlich an intuitive Bilder, die sie von Blackie über seine Tagesaktivitäten erhalten hat. Er und seine Partnerin bauten sich gewöhnlich ihr Nest in einem Kohlenkeller in der Nähe. Während das Nest gebaut wurde, die Eier gelegt wurden und die Vogelbabys aus dem Ei schlüpften und großgezogen wurden, lobten die Frauen Blackie und seine Gefährtin. Sie sagten den beiden Amseln, was für eine tolle Arbeit sie leisteten und wie fleißig sie seien.

Lorraines Großmutter brachte ihr auch bei, wie man mit Pflanzen kommuniziert. »Wenn du willst, dass Pflanzen wachsen, musst du mit ihnen reden«, sagte sie immer wieder. Sie lehrte Lorraine, die Pflanzen langsam zu gießen und ihnen still zuzuhören; dann könnte man sie trinken hören. Die Frauen konnten auch das Wetter vorhersagen; sie achteten darauf, wie sich die Tiere verhielten, was sich am Himmel tat und wie ihr eigener Körper reagierte. Wie Lorraine sagte, waren es starke Frauen, und sie vermisst sie als ihre Lehrerinnen. Sie haben alles einfach und unkompliziert gemacht.

Diese Dinge mögen Leuten, die in den letzten fünfzig Jahren aufgewachsen sind, seltsam erscheinen, doch frühere Generationen waren mit den alten Methoden noch viel mehr verwachsen, zu denen der ganz natürliche intuitive Austausch zwischen Menschen und den anderen Lebewesen in unserer Umwelt zählte. Die Menschen der alten Urvölker sahen Tiere und die Natur als Gleichwertige oder Verwandte an. Wenn Sie Ihre Sicht der Welt von der heutigen zu der früheren ändern wollen, können Sie damit anfangen, indem Sie jede Lebensform, die Ihnen begegnet, so ansehen, als wäre sie genauso intelligent wie Sie und als könnte sie dieselbe Fülle und Tiefe von Gefühlen empfinden wie Sie. Wenden Sie dann Ihre Intuition als Richtweiser in dieser alternativen Welt an, in der alles lebendig, bewusst, gleichwertig und miteinander verwandt ist.

Intuitiv mit wilden Tieren und der Natur zu sprechen ist nicht viel anders als mit Ihren eigenen Tieren, denen Ihrer Freunde und den Tieren zu kommunizieren, denen Sie möglicherweise in einer Tierschutzorganisation helfen. Der Unterschied ist nur, dass es schwieriger ist, die erhaltenen Informationen zu überprüfen. Auch hier sind Sie gezwungen, die Eindrücke, die Sie erhalten, zu akzeptieren und darauf zu vertrauen, dass sie von dem Lebewesen kommen, mit dem Sie intuitiv gesprochen haben.

Mit wilden Tieren sprechen

Manchmal werden Sie Ihre Eindrücke verifizieren können, indem Sie das Verhalten der wilden Tiere beobachten, mit denen Sie kommunizieren. Meine Kollegin Petra Gout berichtete mir von einem Frosch, der zwischen den Holzbrettern ihrer Veranda eingeklemmt war. Da sie den Frosch nicht herausziehen konnte, musste sie die Holzplanken abschrauben, um ihn zu retten. Sie erklärte ihm, was sie vorhatte, und er hörte sofort auf zu zappeln. Wie Petra sagte, hat er sie offensichtlich verstanden und war erstaunlich klug und höflich. Er wartete ruhig ab, bis sie die Holzbretter abgeschraubt hatte, und schien sich sogar einmal vor ihr zu verbeugen. Sobald sie ihn aus seiner Falle befreit hatte, setzte sie ihn in einen Eimer, in den sie ein bisschen Wasser gefüllt hatte, und brachte ihn zu einem schattigen Teich in der Nähe, in dem er in Sicherheit war. Als sie ihn ein letztes Mal in der Hand hielt und ihm in die Augen sah, streckte er ihr den Kopf entgegen und berührte ihre Nase mit seiner Schnauze.

Kendra Wilson erlebte Ähnliches mit einem Grashüpfer. Vor einigen Jahren hatte sie kein Haustier. Sie lebte damals in einer Holzhütte, umgeben von wilden Tieren. Als Ersatz für ein Haustier freundete sie sich mit Eidechsen, Käfern und Vögeln an, die alle nichts dagegen hatten, neben ihr auf der Terrasse zu verweilen. Sie hielt laute Gespräche mit ihnen und behandelte sie wie ihre Freunde. Vor allem ein Grashüpfer fing an, ihr in der Hütte überall hin zu folgen. Wenn sie morgens aufwachte, wartete er schon auf dem Fenstersims über ihrem Kopf auf sie. Wenn sie Kaffee machte, kam er hinterher und hockte sich auf die Küchentheke. Sie machte es sich zur Gewohnheit, ihm etwas von ihrem Frühstücksbrei abzugeben. Dafür legte sie einen Teelöffel Brei aufs Fenstersims, den er frühstückte. Wenn sie ins Badezimmer ging, folgte er ihr und setzte sich auf ein Regal über dem Waschbecken. Der Grashüpfer war schon seit zwei Wochen ihr Gast, als er beschloss, auf dem Boden umherzuhüpfen. Kendra befürchtete, dass er zertreten werden könnte. Unglücklicherweise trat ihr Freund aus Versehen tatsächlich auf den Grashüpfer und bereut es noch heute. Auch wenn die Geschichte ein trauriges Ende hat, war sie für Kendra die erste Erfahrung, in der sie Sicherheit in der intuitiven Kommunikation mit Tieren gewonnen hat.

Eine Möglichkeit zur Überprüfung der Informationen, die man von Insekten oder wilden Tieren erhält, sind Fragen über die biologischen Eigenschaften des Tieres zu stellen, deren Antworten man später in einem Natur-Ratgeber nachlesen kann. Etwas Ähnliches taten wir, als ich eine Gruppe von Leuten zu Grauwalen in Mexiko mitnahm. Wir fragten die Wale über ihre Migration und wie sie stattfand. Die Wale sagten uns, es sei eine schwierige Wanderung gewesen, und mehrere der Walmütter hätten ihre Babys mitgenommen, statt sie in den Geburtslagunen zu lassen. Dann befragten wir den Naturwissenschaftler, der mitgekommen war, und er bestätigte, dass das manchmal geschieht und dass nicht alle jungen Wale in den Lagunen geboren werden.

Viele Menschen schicken mir Berichte, wie sie intuitive Kommunikation anwenden, um Insekten und Schädlinge in Haus und Garten unter Kontrolle zu behalten. Reysha Silverhair wandte äußerst erfolgreich intuitive Kommunikation bei den Unmengen von Spinnen an, die sein Haus bevölkerten. Eines Tages nahm er mental Verbindung zu einer Spinne auf, die neben seinem Bett an der Wand hockte. »Hey, Kusinchen«, sagte er zu ihr, »ich mache dir und deinem ganzen Stamm, der in meinem Haus lebt, einen Vorschlag. Wenn ihr mir schön aus dem Weg und Blickfeld geht, dürft ihr ungestört all euer Spinnenzeug machen. Wenn einer oder mehrere von euch diese Regelung ignorieren oder missachten, werde ich den Straftäter an einen unbehaglichen Ort verbannen oder – wenn die Umstände es erfordern – sogar töten. Lasst uns eine gegenseitige Vereinbarung treffen: Ihr bleibt mir aus den Haaren, und ich werde euch nicht vernichten oder sonst wie belästigen, okay?« Reysha berichtete, dass es daraufhin eine Denkpause von ungefähr drei Minuten gab; dann erhielt er die Botschaft »Okay« von der Spinne. Seit diesem Gespräch hat er vielleicht zweimal gesehen, wie eine Spinne von draußen ins Haus wanderte und es besichtigte. Beide Male hat er die Herumtreiberin über die Hausordnung informiert und den Vorschlag gemacht, sich entweder daran zu halten oder weiterzuziehen – und zwar schnell. Es dauerte nicht mehr als ein oder zwei Stunden, bevor die Spinne verschwand.

Gerrie Huijts kommuniziert mit Ameisen, um sie dazu zu bewegen, aus Küche und Keller auszuziehen, auch wenn es, wie sie berichtet, eine Weile dauert und mehrere Unterhaltungen notwendig sein können. Einmal warnte sie ein Wespennest auf dem Dachboden, dass alle Wespen getötet würden, wenn sie nicht umzogen. Innerhalb einer Stunde hatten die Wespen das Nest geräumt. In Gerries neuestem intuitiven Kommunikationsprojekt bringt sie Fliegen dazu, sich auf ihren Finger zu setzen, damit sie sie aus dem Haus tragen kann. Wie sie berichtet, funktionieren Vereinbarungen gut bei Maulwürfen. Sie hatte Probleme mit Maulwürfen, doch da sie Maulwürfe liebt, wollte sie die Tiere nicht aus dem Garten verscheuchen. Stattdessen redete sie mit ihnen und traf eine Vereinbarung, dass die Maulwürfe sich auf ihren Reisen nur an der Hauswand entlang bewegen würden und nicht die Route quer über den Rasen nehmen durften. Als Gegenleistung erlaubte Gerrie ihnen, Löcher zu graben und alles zu fressen, was ihnen innerhalb des Gartens schmeckte. Bisher haben sich die Maulwürfe an den Deal gehalten. Einmal gab es eine Panne – ein kleiner Maulwurfshügel tauchte wieder mitten im Garten auf, und als sie sich deswegen erkundigte, entschuldigte sich der Maulwurf, der den Hügel verursacht hatte, und erklärte, dass er neu in der Gegend war, es eilig hatte und von der Vereinbarung nichts gewusst habe. Wie Gerrie berichtet, sind Maulwürfe äußerst höfliche Tiere.

Sie können die Art von wilden Tieren, die Sie in Ihrem Garten haben wollen – zum Beispiel Vögel, Schmetterlinge, Libellen und Eichhörnchen –, einladen, indem Sie Futter- und Wasserstellen einrichten und für Pflanzen sorgen, die sie anziehen. Wenn Sie mit den wilden Tieren in Ihrem Garten sprechen, wenden Sie die Techniken an, die Sie schon gelernt haben: Stellen Sie sich vor, fangen Sie an zu sprechen und notieren Sie alle Eindrücke, die Sie erhalten.

Wie ich festgestellt habe, gestalten sich intuitive Gespräche mit wilden Tieren etwas philosophischer als die mit Haustieren. Wildtiere scheinen irgendwie weltlicher zu sein. Ich nehme an, das ergibt Sinn, da domestizierte Tiere ein viel eingeschränkteres Leben haben als wilde Tiere. Wenn ich mit wilden Tieren kommuniziere, äußern sie häufig ihre Besorgnis über das, was wir Menschen der Erde antun. Ich habe schon öfter mit meinen Teilnehmergruppen die Grauwale in Baja, Mexiko besucht. Die Wale bringen das Thema jedes Mal auf die Notwendigkeit, unseren Planeten zu heilen, und ermutigen uns, in unserer sozialen Struktur und Zusammenarbeit mehr wie sie zu werden. Das letzte Mal schlugen die Wale vor, wir sollten in Gruppen zusammenarbeiten, um Energieheilung und Manifestation für die Tiere und die Erde zu betreiben. Wie wir das tun können, beschreibe ich im Schlusswort.

Mit den Pflanzen und der Natur sprechen

Die Erde hat eine Fülle von Lebensformen, die ein Bewusstsein, eine Seele und Gefühle haben. Nur wir Menschen von heute hatten bisher keine Ahnung, dass es sich so verhält. Tatsächlich sind wir im Vergleich zu den Urbewohnern der Erde blind. Sie wussten noch, dass auch Bäume, Insekten und Pflanzen sprechen können. Aber nun entdecken wir diese Tatsache endlich wieder.

Gerrie Huijts redet nicht nur mit Ameisen, sondern auch mit den Pflanzen in ihrem Garten. Sie fragt jede Pflanze regelmäßig, ob es ihr gut geht und sie glücklich ist. Manchmal sagt ihr eine Pflanze, dass sie vergessen hat, sie zu gießen oder dass sie zu wenig Wasser abbekommen hat. Wie Gerrie berichtet, behält die Pflanze immer Recht. Gerrie spricht sogar mit den Samen in ihrem Gemüsegarten.

Bevor sie sie einsetzt, erkundigt sie sich bei ihnen, wann die beste Zeit zum Aussähen ist.

Beth Reidel ist Gärtnerin, Kräuterspezialistin und Herstellerin von Blütenessenzen[1]. Sie spricht mit allen Kräutern, die sie anpflanzt, und informiert sie darüber, was sie vorhat und warum. Sie bittet die Pflanzen um Erlaubnis, bevor sie irgendeinen Teil von ihnen pflückt. Wenn sie eine neue Blume findet, aus der sie eine Essenz herstellen könnte, setzt sie sich zuerst vor die Blume hin und spricht mit ihr, wozu ihre Blütenessenz nützlich ist. Immer wenn sie mit den Pflanzen kommuniziert, erhält sie Wörter, Sätze, Gefühle und Bilder – genauso wie wenn man mit einem Tier spricht.

Beth erntet auch Wildkräuter, und da die Bedingungen für die Tier- und Pflanzenwelt sich heute ständig verändern, hält sie es für notwendig, von den Pflanzen zu erfahren, ob Zeitpunkt und Ort geeignet für die Ernte sind. Wenn größere Veränderungen in der Umgebung der Pflanze stattgefunden haben, kann es sein, dass die wilden Tiere die Wildpflanzen mehr als Beth brauchen, oder der Boden kann so trocken sein, dass eine bestimmte Pflanze nicht gut nachwächst, wenn ihre Blätter gepflückt werden. Einmal sagte ein Kraut zu Beth, sie solle es nicht pflücken, und machte den Vorschlag, sie solle stattdessen noch weitergehen. Hinter dem nächsten Hügel fand Beth dann eine viel größere und saftigere Stelle derselben Kräuterart. Hier konnte sie das Kraut ohne schlechtes Gewissen ernten. Beth ist überzeugt, dass alle Lebewesen der Kommunikation mächtig sind, und dass dies immer leichter werden wird, je mehr wir es wollen.

Ich unterhielt mich mit einem meiner Leser, Steve Stringham[2], über seine Erfahrung bei der Zusammenarbeit mit den Blackfeet-Indianern. Wie er berichtete, hatte er einen Medizinmann der Blackfeet gefragt, wie er die medizinische Wirkung und Anwendung der Pflanzen herausgefunden habe, die die Blackfeet als Heilmittel einsetzen – habe er einfach ausprobiert, welche Pflanze gegen was wirkte? Der Medizinmann antwortete Steve geschockt, dass man sich mit dieser Methode gut und gerne vergiften könnte. Wie er sagte, kamen die

Informationen über die Pflanzen von den Seelen, die erklärten, was jede einzelne Pflanze bewirken kann.

Nach meinen Erfahrungen kann man mit allem Lebendigen kommunizieren. Das schließt Bäume mit ein und das Wasser eines Flusses und auch das Stück Erde, auf dem man gerade steht oder sitzt. Alle Lebewesen haben ein Bewusstsein und Gefühle. Alle leben und denken sie und alle sind mit uns verwandt.

Mit allen Lebewesen kommunizieren

Übung
Überall um uns herum

Wenn Sie in der Natur spazieren gehen, dann achten Sie auf alle Tiere oder Pflanzen, auf die Sie aufmerksam werden. Begrüßen Sie sie in Gedanken und fragen Sie sie, ob sie eine Mitteilung für Sie haben. Notieren Sie sämtliche Eindrücke, die Ihnen in den Kopf kommen. Gehen Sie davon aus, dass diese Wahrnehmungen und Eindrücke von dem Lebewesen ausgesandt worden sind, mit dem Sie gerade kommuniziert haben.

Übung
Dialoge im Garten

Sie können diese Übung mit jedem Lebewesen machen, das Sie in Ihrem Garten finden und mit dem Sie sich gern unterhalten würden. Holen Sie Ihr Notizbuch und setzen Sie sich bequem hin. Stellen Sie sich vor und fangen Sie an zu sprechen. Sagen

Sie ein paar Dinge; halten Sie dann inne und hören Sie zu. Schreiben Sie alles auf, was Sie an Antworten zu empfangen glauben. Notieren Sie alles, egal ob Sie es für richtig oder falsch halten. Sagen Sie noch etwas, lauschen Sie auf die Antwort und schreiben Sie Ihre Eindrücke auf. Wenn Sie das Gefühl haben, die Unterhaltung ist beendet, dann bedanken Sie sich bei dem Lebewesen.

Übung

Mit Bäumen sprechen

Suchen Sie sich einen Baum zum Sprechen aus. Sie können sich einen Baum in Ihrem Garten aussuchen oder auch einen Baum, an den Sie sich von früher erinnern. Wenn Sie direkt vor dem Baum stehen, setzen Sie sich mit dem Rücken an den Stamm gelehnt oder berühren Sie den Baum und schließen Sie die Augen. Wenn Sie an einen Baum aus der Vergangenheit denken, stellen Sie sich vor, dass Sie sich an ihn lehnen oder ihn berühren. Halten Sie Ihr Notizbuch bereit und stellen Sie die folgenden Fragen. Nehmen Sie sich nach jeder Frage einen Augenblick Zeit, um die Eindrücke wahrzunehmen, die Sie als Antwort empfangen, und notieren Sie sie. Gehen Sie dann zur nächsten Frage über. Wenn Sie mit dem Gespräch fertig sind, bedanken Sie sich bei dem Baum.

- Ist es in Ordnung, wenn ich mit dir spreche?
- Wie alt bist du?
- Bist du männlich oder weiblich?
- Hast du einen Namen?
- Warum habe ich dich ausgewählt?

- Wie sind wir miteinander verbunden?
- Hast du einen Ratschlag für mich?
- Hast du einen Ratschlag für uns Menschen?
- Kann ich irgendetwas für dich tun?

Übung

Gegenseitige Vereinbarung

Wenn es ein Insekt oder wildes Tier – oder auch ein Unkraut – gibt, das Sie in Ihrem Heim oder Garten stört, können Sie dieses Experiment mit intuitiver Kommunikation machen:

Sprechen Sie mit dem störenden Tier oder dem Unkraut. Erklären Sie ihm, was Sie stört, was Sie gern hätten und wozu Sie als Gegenleistung bereit sind. Sorgen Sie dafür, dass Sie sich an jede getroffene Vereinbarung halten. Zeigen Sie Respekt. Erklären Sie, was Sie tun werden, wenn Sie keine Vereinbarung erzielen können. Hören Sie nun zu, was das Tier oder die Pflanze als Antwort zu sagen hat, notieren Sie sämtliche Eindrücke, die auftauchen, und gehen Sie davon aus, dass sie direkt vom Tier oder der Pflanze kommen. Erwidern Sie und hören Sie erneut zu. Tun Sie dies, solange Sie mögen, und schreiben Sie die Reaktionen auf. Wenn Sie mit der Kommunikation fertig sind, bedanken Sie sich bei dem Tier oder dem Unkraut und achten Sie darauf, was sich tut.

Schlusswort

Die Veränderungen in unserer Welt

Wenn ein Mensch die intuitive Kommunikation mit anderen Arten lernt, kann er nie mehr zurück. Die Erfahrung verändert sein Bewusstsein für immer. Ich habe schon erwogen, meine Leser und Schüler zu warnen, dass das Erlernen von intuitiver Kommunikation mit Tieren und der Natur ihr Leben radikal verändern kann. Viele von ihnen wechseln daraufhin den Beruf, lassen sich von Partnern scheiden, die sie hierin nicht unterstützen, und beschließen, ihr ganzes Leben von nun an den Tieren und der Erde zu widmen. Deswegen liebe ich dieses Gebiet und bin dabei geblieben: Weil es die Leute aufweckt und dazu bringt, auf die Erde zu achten.

Diese Veränderung im Bewusstsein ist gerade jetzt auf unserem Planeten dringend nötig, weil wir in so großen Schwierigkeiten stecken. Die gute Nachricht ist, dass die meisten Menschen sich endlich bewusst werden, wie ernst die Bedrohung der Lebensformen auf der Erde ist. Sie wird in dem Film *11th Hour – 5 vor 12,* der von Leonardo DiCaprio erzählt wird, plastisch dargestellt. Mit dem Bewusstsein, dass etwas ganz und gar nicht in Ordnung ist, taucht auch die Frage auf: »Was tun wir dagegen? Wie können wir die Tiere retten, die uns so teuer sind, die wilden Pflanzen, die wir so lieben, und all die Freuden und Schönheit unseres Daseins auf der Erde?«

Ich glaube, die Antwort besteht aus drei Teilen. Erstens: Sich informieren. Um aus diesem Dilemma wieder herauszukommen, ist es unabdingbar zu verstehen, wie wir uns hineinmanövriert haben.

Zweitens: Aktiv werden. Überall in allen Ländern der Erde müssen die Menschen mitmachen, um die Veränderung zu erreichen, die wir erleben wollen. Das kann bedeuten, sich politisch zu engagieren oder einer Gruppe beizutreten, die daran arbeitet, die Tiere und die Erde zu retten. Die Leute brauchen bloß aktiv zu werden und Bemühungen wie zum Beispiel Solarenergie, biologischen Gartenanbau, örtliche Umweltkontrollen und einen umweltfreundlichen Lebensstil zu unterstützen.

Drittens: Eine bessere Welt manifestieren. Dieselben Experimente in der Physik, die beweisen, dass wir uns allein durch Gedanken intuitiv verbinden können, beweisen auch, dass Gedanken Materie beeinflussen können. Der Beobachtereffekt zeigt sich nicht nur bei Quantenteilchen, sondern auch in der alltäglichen Welt. Dies bedeutet, dass wir durch die Kraft unserer Gedanken und unserer Vorhaben Veränderungen in der Welt herbeirufen können.

Im Quellenverzeichnis finden Sie Quellen für Bildung, Aktionen und Manifestation, die den Schutz unserer Erde unterstützen.

Eine bessere Welt manifestieren

Hier ist eine Schnellanleitung, wie man etwas einzeln und in Gruppen manifestiert:

Übung
Einzeln manifestieren

Beschließen Sie etwas, was Sie in Ihrem Leben erschaffen möchten – ein Ergebnis oder einen Zustand. Formulieren Sie Ihr Vorhaben so, dass es den Zustand beschreibt, als würde er sich schon einstellen. Wenn Sie zum Beispiel den Beruf ausüben wollen, den Sie lieben, könnte Ihre Formulierung so lauten: »Ich beginne jetzt mit der Arbeit, die ich liebe, die meine Lebensaufgabe erfüllt.«

Schließen Sie nun die Augen und stellen Sie sich vor, wie es aussehen und sich anfühlen würde, wenn diese Aufgabe wahr würde. Erlauben Sie es sich, sich Ihren Traumjob in allen Einzelheiten auszumalen, und stellen Sie sich vor, wie toll das wäre. Ihre Formulierung, Visualisierungen und Gefühle werden in der unsichtbaren Welt der Energie aktiv, um genau das wahr zu machen, worum Sie gebeten haben und was Sie sich vorgestellt haben.

Stellen Sie sich diese Vision vor, indem Sie Folgendes tun:

- Formulieren Sie Ihr Vorhaben, stellen Sie es sich vor und erleben Sie es – jeden Tag. Tun Sie dies in einem kurzen Tagtraum, in dem Sie sich einer angenehmen Vision dessen, was die Zukunft für Sie bereithalten könnte, hingeben.
- Wenn Sie merken, dass Ihnen negative Gedanken kommen, sagen Sie: »Streiche das.« Ersetzen Sie den negativen Gedanken durch einen positiven, der den negativen auslöscht.
- Bitten Sie alle höheren Mächte, Engel, Seelen oder Führer um Hilfe bei der Manifestierung Ihres Traums.
- Tun Sie jede Woche etwas Neues, das dazu dient, Ihre Vision real werden zu lassen.

Übung

In der Gruppe manifestieren

- Jeder Teilnehmer beschließt etwas, was er für die Welt manifestieren will.
- Hintereinander äußern alle Teilnehmer laut der Gruppe gegenüber ihr Vorhaben und beschreiben ihre Vision hinter dem Vorhaben so, als wäre sie schon dabei, sich umzusetzen. Seien Sie dabei spezifisch. Eine visionäre Formulierung für die Welt könnte zum Beispiel lauten: Alle Regierungen dieser Welt werden humanitärer und arbeiten zusammen daran, die Klimaerwärmung umzukehren und eine Welt zu erschaffen, die sich erhalten lässt.
- Während der einzelne Teilnehmer seine Vision beschreibt, stellen sich alle anderen in der Gruppe mit geschlossenen Augen seine Vision lebhaft vor und erleben sie in so vielen Einzelheiten wie möglich, als wäre sie schon dabei, sich umzusetzen.
- Jeder sendet das Gefühl von Liebe und Hoffnung an diese Vision.
- Führen Sie die Übung so lange durch, bis jeder Teilnehmer der Gruppe die Gelegenheit hatte, sein Vorhaben zu äußern und seine Vision zu beschreiben.
- Diskutieren Sie praktische Aktionen, die Sie unternehmen können, um die beschriebenen Visionen wahr werden zu lassen, bevor Sie die Gruppensitzung beenden. Verpflichten Sie sich, mindestens eine Aktion pro Vision durchzuführen.

- Prüfen Sie bei jedem Treffen die Angelegenheiten, an denen Sie gearbeitet haben, und notieren Sie sämtliche Ergebnisse, die Sie in der realen Welt feststellen.

Sie können gleichzeitig auf der persönlichen und der planetaren Ebene tätig werden – beide sind notwendig. Wir können diesem Planeten nicht helfen, wenn es uns nicht emotional, körperlich und spirituell gut geht; es ist daher wichtig, Ihr eigenes Wohl und Glück zu manifestieren. Probieren Sie diese Techniken allein und mit Freunden aus.

Charlies Rettung

Im Folgenden schildere ich das Beispiel eines erfolgreichen Manifestierungsprojekts, um zu demonstrieren, wie das Manifestieren funktionieren kann.

Als ich mit einer Gruppe von Kursteilnehmern Wale in Baja, Mexiko besuchte, trafen wir auf einen sehr kranken Hund, der an der Anlegestelle am Hafen herumlungerte, von dem aus wir mit unseren Kajaks in See stachen. Als wir von der Insel, auf der wir campiert hatten, wieder zur Magdalena Bay zurückkehrten, war der Hund immer noch da. Er streunte umher und hatte von einer Hautkrankheit lauter kahle rosa Stellen. Der Hund wirkte sehr elend. Wir wollten ihn mitnehmen, doch der Fahrer unseres Kleinbusses glaubte, der Hund hätte eine ansteckende Krankheit, und wollte ihn daher nicht mitnehmen. Der Hund war völlig auf sich gestellt, und uns allen war klar, dass er in diesem Zustand nicht mehr lange überleben würde. Vor unserer Abreise bat Julie Hendrickson aus unserer Gruppe die Fischer der Gegend, ihn wenigstens zu füttern, aber wir fuhren trotzdem deprimiert ab.

Nach circa zwanzig Minuten Fahrt auf dem Weg zur Sea of Cortez schmiedeten wir einen Rettungsplan für den Hund, der Julie gesagt hatte, dass er Charlie genannt werden wollte. Als wir am Meer von Cortez ankamen, nahm unser Plan langsam Gestalt an. Wir würden die Kajakführer im Walcamp bitten, uns zu den Bootskapitänen der Gegend zu bringen, und jemanden suchen, der bereit wäre, den Hund über die Halbinsel zu bringen. Am nächsten Tag begann Julie herumzutelefonieren. Der Rest der Gruppe fuhr hinaus, um Wale und Seevögel zu beobachten, eine heiße Quelle aufzusuchen und zu schnorcheln, doch in Gedanken waren wir bei Charlie. Wir stellten uns seine Rettung ohne Schwierigkeiten aktiv vor.

Charlie in Baja

Während wir unterwegs waren, erklärten sich zwei Bootskapitäne aus Magdalena Bay bereit, zu der Anlegestelle zu fahren, Charlie zu suchen und ihn zu uns zu befördern. Als Charlie noch am selben Abend eintraf, untersuchten wir ihn. Wie sich herausstellte, hatte er Räude, wurde von einer Unmenge an Flöhen geplagt und hatte einen starken Sonnenbrand. Nun fingen wir an, einen Ort zu manifestieren, an dem er untergebracht werden konnte, bis er gesund genug war, um in die Vereinigten Staaten gebracht werden zu können. Am nächsten Tag brachte Julie ihn in eine Tierklinik in der Stadt, in der sie ihn ausgiebig badete. Dort hörte sie von einer Tierschutzgruppe vor Ort, die bereit war, Charlie zu versorgen und zu pflegen, bis Julie ihn in die USA fliegen lassen konnte.

Wir verließen Mexiko im Wissen, dass für Charlie gesorgt würde. Doch Julie musste noch ein Zuhause für ihn finden, da sie schon zu viele eigene Hunde hielt, um ihn aufnehmen zu können. Der Chef der Blue Waters Reisegesellschaft, die unsere Reise nach Baja organisiert hatte, erklärte sich bereit, Charlie hinauf nach Kalifornien zu bringen, und fand durch seine Bekannten auch ein neues Zuhause für den Hund. Ungefähr sechs Monate später kamen Charlie und seine neue Besitzerin zu einem intuitiven Kommunikationskurs, den ich in Santa Rosa, Kalifornien leitete. Ich habe ein Foto von Charlie mit seinem neuen Frauchen Cheryl Best in seinem neuen Leben beigefügt.

Cheryl und Charlie

Wie ich all meinen Schülern sage, brauchen sie, um intuitiv mit den Tieren und der Natur sprechen zu können, nur daran zu glauben, dass es möglich ist, und dann mit dem Üben anfangen. Genauso ist es uns möglich, unsere Welt zu verändern und sie so zu gestalten, wie wir sie uns wünschen. Wir müssen nur daran glauben, dass es möglich ist, und anfangen, unsere Visionen umzusetzen.

Anmerkungen

Einführung

1. Adele Leas lehrt und praktiziert Jin Shin Jyutsu an Tieren. Sie hat darüber das Buch *Jin Shin Jyutsu for Your Animal Companion* veröffentlicht (weitere Informationen finden sich auf www.jsjforyouranimal.-com).

Kapitel 1: Über die intuitive Kommunikation

1. Danny K. Alford: »The Origin of Speech in a Deep Structure of Psi«, Phoenix: New Directions in the Study of Man 2, Nr. 2 (Herbst/Winter 1978), sowie »Not Just Words«, Redux, the Newsletter of Language and Consciousness 1, Nr. 1 (März 2002): 8. Beide Artikel finden sich auf www.enformy.com.

Alford, der auch unter dem Namen Moonhawk bekannt wurde, starb 2002 viel zu jung an Krebs. Damals arbeitete er nach dem Physikstudium an seiner Doktorarbeit in Linguistik an der University of California in Berkeley. Als Halbindianer hatte er eine Zeitlang unter den Northern Cheyenne- und den Navajo-Indianern gelebt, beide Sprachen erlernt und begann später, in der Indianerreservation Navajo zu unterrichten. Ein Freund von Moonhawk stellte seine Forschungsarbeit auf www.enformy.com ein. Außer den oben erwähnten Artikeln blieben seine Arbeiten (soweit mir bekannt ist) unveröffentlicht, doch wenn Sie sich dafür interessieren, können Sie sie von der Webseite herunterladen.

2. Walter Greists Recherchen und Experimente stammen aus einer unveröffentlichten wissenschaftlichen Arbeit, die er mir geschickt hat: »Psispeech Communication« vom 22. Mai 1976. Greist ist heute ein Farmer mit biologischem Anbau, der sich nicht mehr auf dem Gebiet der PSI-Forschung betätigt, doch er interessiert sich immer noch sehr dafür.

In seiner Arbeit beschreibt Greist seine PSI-Experimente. Für ein Experiment spielte er vor zwei Gruppen ein Tonband ab, auf dem er eines seiner Erlebnisse berichtete. Bei der ersten Gruppe stoppte er das Tonband, bevor die Geschichte zu Ende war. Dann gab er den Teilnehmern eine Auswahl von fünf möglichen Ausgängen der Geschichte und forderte sie auf, zu raten, welcher der Ausgänge korrekt war. Dasselbe tat er mit der zweiten Gruppe, doch diesmal blieb er die ganze Zeit über bei der Gruppe im Raum, und als die Gruppe den Ausgang des Erlebnisses raten sollte, schickte er ihnen mental Informationen über das richtige Ende. Auch die Teilnehmer der zweiten Gruppe mussten den Ausgang erraten, doch sie waren insofern im Vorteil gegenüber der ersten Gruppe, dass sie Greists direkte Gedanken als Hilfestellung erhalten hatten. Greist wiederholte das Experiment mit einer Anzahl von Erlebnissen. Die Ergebnisse zeigten, dass die Leute der zweiten Gruppe (die, die direkten mentalen Gedanken des Leiters erhielten) die richtigen Ausgänge der Geschichte deutlich häufiger auswählten als die erste Gruppe. Greist fand in seinen Experimenten heraus, dass sich weder Sprache noch PSI einzeln so stark auswirkten wie miteinander kombiniert.

3. Ronald Rose, *Primitive Psychic Power* (Toronto: Signet Mystic Books, 1968).

4. McTaggarts Buch *The Field* untersucht neue Theorien in der Physik. Lynne McTaggart, *The Field: The Quest for the Secret Force of the Universe* (New York: Harper/Collins, 2001). Die meisten darin enthaltenen Informationen stammen jedoch aus Lynne McTaggarts Buch *The Intention Experiment: Using Your Thoughts to Change Your Life and Your World* (New York: Free Press/Simon & Schuster, 2007).

5. McTaggart: *The Intention Experiment*, S. 13.

6. Die darin enthaltenen Geschichten über Cleave Backster stammen aus *The Intention Experiment* von McTaggart, S. 35-46. Backster hat auch ein Buch über seine Erkenntnisse geschrieben: Cleave Backster, *Primary Perception: Biocommunication in Plants, Living Foods and Human Cells* (Anza, CA: White Rose Millenium Press, 2003).

7. Später fand Backster heraus, dass eine Ansammlung von Wachs zwischen den Pflanzenzellen die Absonderung verursachte, die er an jenem Tag festgestellt hatte.

8. Die Informationen über Fritz Popp und Konstantin Korotkov stammen aus McTaggarts Buch *The Intention Experiment,* S. 41-46.

9. Rupert Sheldrake: Der 7. Sinn der Tiere, Fischer 2007

Kapitel 2: Hören und gehört werden

1. Manche Tierkommunikatoren gehen davon aus, dass Tiere Informationen nur in Bilderform intuitiv empfangen können, und raten den Tierhaltern, die Informationen nur als Bilder zu senden. Für mich ist das ein weiteres Beispiel dafür, wie Menschen einfach davon ausgehen, Tiere hätten nicht dieselben Fähigkeiten wie wir. Nach meinen eigenen Erfahrungen sind Tiere sehr wohl in der Lage, Gedanken, Worte und Gefühle intuitiv wahrzunehmen.

2. Carolyn Resnick hat ein Buch mit dem Titel *Naked Liberty: Memoirs of My Childhood* (Lubbock, TX: Amigo Publications, 2005) geschrieben.

3. Bekoff, Marc: *Das Gefühlsleben der Tiere,* Animal Learn Verlag, 2008

Kapitel 3: Das Zweierrudel

1. Caroline Knapp, *Pack of Two: The Intricate Bond Between People and Dogs* (New York: Dell Publishing, 1998).

2. Suzanne Clothier, *Bones Would Rain From the Sky: Deepening Our Relationship with Dogs* (New York: Time Warner Book Group, 2002), S. 29.

Kapitel 4: Das friedliche Reich schaffen

1. Beim Clickertraining wird ein Klickgeräusch angewandt, das dem Tier signalisiert, wenn es sich richtig verhalten hat. Das Klicken wird mit einem Leckerchen verbunden. Clickertraining ist eine wirksame gewaltfreie Trainingsmethode.

Kapitel 5: Tiertraining unter Einbezug von Intuition

1. Die Barhufbehandlung ist eine relativ neue Anwendung in der Pferdewelt. Die meisten Hufschmiede formen den Pferdehuf immer noch in eine hohe Ferse und kurze Zehe und viele schneiden beim Trimmen in die Fußsohle hinein. Ich kann persönlich bestätigen, dass diese Praktiken Pferde lahmen lassen. Mehr Informationen über die Barhufmethode finden Sie im Quellenverzeichnis

2. Emma Parsons: *Click to Calm: Healing the Aggressive Dog* (Waltham, MA: Sunshine Books, 2004). Mehr über das Clickertraining im Quellenverzeichnis.

3. Mark Rashid: Der von den Pferden lernt, Franckh Kosmos, 2007

4. Jan Fennell: *The Dog Listener: Learn How to Communicate with Your Dog for Willing Cooperation* (New York: Harper Collins, 2004).

Kapitel 6: Der Umgang mit schlechten Verhaltensweisen

1. Beim Tiertraining durch positive Rückmeldungen werden Leckerchen, Lob und oder Spielen als Belohnung für gutes Verhalten eingesetzt. Negative Trainingsmethoden wie Anschreien, Schlagen oder andere gewalttätige Methoden werden vermieden. Mehr Info finden Sie im Quellenverzeichnis.

2. Wie einer der Tierärzte, mit denen ich zusammenarbeite, mir berichtet hat, lässt sich die Nierenfunktion prüfen, indem der Urin auf eine spezifische Schwerkraft untersucht wird, was weniger kostenaufwändig ist als ein Nieren-Bluttest. In dieser Schwerkraftuntersuchung wird die spezifische Schwerkraft des Urins im Vergleich zu Wasser untersucht. Wenn die Urinwerte Ihres Tiers von der Norm abweichen, weist das auf eine Störung der Nierenfunktion hin.

Kapitel 7: Einem Tier in Not helfen

1. Bei der Energieheilung arbeitet man mit unsichtbaren Energiefeldern im Körper, um den Körper ins Gleichgewicht zu bringen und so die Gesundheit zu fördern. Zwar gibt es viele Methoden der Energieheilung, doch alle basieren auf der Grundvoraussetzung, dass Schmerzen, Krankheiten und jedes andere körperliche Symptom von blockierter Energie oder einem Ungleichgewicht des Körpers verursacht werden.

2. Die Webseite für *Give a Dog a Bone* findet sich unter www.gadab.org. Die Stiftung hilft Tieren, die im Netz der Justiz gefangen sind.

3. Diese Stuten wurden zur Herstellung von Premarin, einem Medikament für Frauen in den Wechseljahren, benutzt. Die Stuten werden in engen Ställen und ständig trächtig gehalten, um die Hormone aus ihrem Urin herauszufiltern. Nach ein paar Jahren «Dienst an der Medizin« werden die Stuten auf Auktionen verkauft und all ihre

Fohlen werden ins Schlachthaus geschickt. Außer der Tatsache, dass die Praktiken unglaublich grausam sind und man sie daher sowieso nicht unterstützen will, wurde nun festgestellt, dass das Medikament Premarin gefährliche Nebenwirkungen aufweist.

Kapitel 9: Der Umgang mit dem Tod

Wenn ein Pferd gegen Insulin resistent ist, hat das zur Folge, dass das Pferd nichts verträgt, was einen hohen Zuckergehalt aufweist, wie zum Beispiel das unkontrollierte Grasen auf frischem Gras, (Luzerne-)Heu, Hafer, Kekse, Äpfel, Karotten, Sirup und Süßigkeiten. Bei Laminitis handelt es sich um eine Entzündung des Hufs, die durch die Insulinresistenz hervorgerufen werden kann und zu ernsthafter Lahmheit führen kann.

Kapitel 10: Die intuitive Stimme in der Wildnis

1. Blumenessenzen werden hergestellt, indem eine Blume gepflückt und für eine Weile in Wasser gestellt wird. Das Wasser soll danach die Essenz dieser Blume aufgenommen haben. Für weitere Informationen siehe Quellenverzeichnis.

2. Steve Stringham unterhält ein Programm, bei dem Bären in Alaska beobachtet werden, und er hat auch schon mehrere Sachbücher über Bären geschrieben. Seine Webseite findet sich unter www.bear-viewing-in-alaska.info.

Quellenverzeichnis

Dieser Abschnitt konzentriert sich auf ganzheitliche Heilmethoden und Training von Hunden, Katzen und Pferden. Sie finden hier aber auch Adressen, an die Sie sich wenden können, um vermisste Tiere wiederzufinden, Informationen über das zu erhalten, was auf unserer Welt passiert, und um aktiv bei der Rettung der Erde zu helfen. Die folgenden Quellen sind Beispiele der besten Adressen, auf die ich bei meinen Recherchen gestoßen bin, doch die Liste ist nicht vollständig. Sich über die besten und neuesten Quellen zu informieren ist ein andauernder Prozess. Wann immer Sie eine Lösung für ein Problem suchen, das mit Ihrem Tier zu tun hat, sollten Sie alle Möglichkeiten prüfen. Fragen Sie Ihre Freunde und Bekannten, was sie dagegen getan haben und wen sie kennen, und suchen Sie im Internet nach den neuesten Erkenntnissen, die zu Ihrem Thema zur Verfügung stehen.

Ganzheitliche Ernährung und Pflege

Konsultieren Sie die Gelben Seiten, Ihren Tierarzt und Ihre Freunde, um einen ganzheitlichen Tierarzt zu finden.

Hunde und Katzen

Bücher

Arora, Sandy. *Whole Health for Happy Cats: A Guide to Keeping Your Cat Naturally Healthy, Happy and Well-Fed.* Dallas, TX: Quarry Books, 2006.

Billinghurst, Ian. *The Barf Diet: Raw Feeding for Dogs and Cats Using Evolutionary Principles.* Lithgow, Australien: self-published, 2003.

Flaim, Denise / Michael W. Fox. *The Holistic Dog Book: Canine Care for the 21st Century*. Indianapolis, IN: Howell Book House, 2003.

Frazier, Anitra. *The New Natural Cat: A Complete Guide for Finicky Owners*. New York: Plume, 1990.

Goldstein, Martin. *The Nature of Animal Healing: The Definitive Holistic Medicine Guide to Caring for Your Dog and Cat.* New York: Ballantine Books, 2000.

Pitcairn, Richard H. / Susan Hubble Pitcairn. *Dr. Pitcairn's New Complete Guide to Natural Health for Dogs and Cats.* New York: Rodale Books, 2005. In diesem Buch finden Sie auch Hinweise zur Ernährung.

Pferde

Bücher

Jackson, Jaime. *Paddock Paradise: A Guide to Natural Horse Boarding.* Harrison, AR: Star Ridge Publishing, 2007.

Ramey, Pete. *Making Natural Hoof Care Work for You.* Harrison, AR: Star Ridge Publishing, 2003.

Webseiten

Hoof Rehabilitation Specialists, www.hoofrehab.com: Das ist Pete Rameys Webseite, die detaillierte Informationen über das natürliche Trimmen von Pferdehufen/-füßen bietet.

Safer Grass, www.safergrass.org/articles/managegrazing.html: Diese Webseite bietet Informationen über die risikofreie Versorgung von Pferden mit Laminitis und das sichere Grasen von Pferden.

Im Internet und in Spezialgeschäften für Pferdenahrung finden Sie Naturkräuter und anderes natürliches Ergänzungsfutter für Pferde.

Sanfte Trainingsmethoden

Hunde

Die folgenden Referenzen decken sämtliche Trainingsfragen ab und zeigen Ihnen, wie Sie der Leithund für Ihren Hund werden, ohne Gewalt anzuwenden.

Bücher

Cantrell, Krista. *Housetrain Your Dog Now*. New York: Plume, 2000. Bezieht sich auf Hundeerziehung in Haus oder Wohnung.

Fennell, Jan. *Mit Hunden sprechen*. Hilft, Hunde zu beruhigen und die Führungsrolle zu etablieren, auch für nervöse, unsichere, ängstliche oder aufdringliche Hunde geeignet.

McConnell, Patricia. *Das andere Ende der Leine: Was unseren Umgang mit Hunden bestimmt*. Kynos, 2007. Hilfreich bei aggressiven Hunden.

Parsons, Emma. *Click to Calm: Healing the Aggressive Dog*. A Karen Pryor Clicker Training Book. Waltham, MA: Sunshine Books, 2004. Hilfreich bei aggressiven Hunden.

Rugaas, Turid. *Calming Signals – Die Beschwichtigungssignale der Hunde*. Animal Learn Verlag, 2001

Rugaas, Turid. *Hilfe, mein Hund zieht!* Animal Learn Verlag, 2007

Ryan, Terry / Kirsten Mortensen. *Outwitting Dogs: Revolutionary Techniques For Dog Training That Work!* Guilford, CT: Lyons Press, 2004.

DVD

Really Reliable Recall – Train Your Dog to Come When Called ... No Matter What! (Healthy Dog Productions, 2007; DVD-Formate nur für USA und Kanada). Diese DVD hilft bei Hunden, die nicht hören, wenn sie gerufen werden.

Webseiten

Clickertraining.com, www.clickertraining.com: Dies ist Karen Pryors Webseite, auf der Sie Bücher und Zubehör für die Clickertrainingsmethode finden.

Katzen

Bücher

Johnson-Bennett, Pam. *Twisted Whiskers: Solving Your Cat's Behavior Problems.* New South Wales, Australien: Crossing Press, 1994.

Halls, Vicky. *Die Katzenflüsterin.* Franckh Kosmos, 2007.

McConnell, Patricia. *The Fastidious Feline: How to Prevent and Treat Litter Box Problems.* Madison, WI: Dog's Best Friend, 1996.

Webseiten

Affordable Cat Fence, www.catfence.com: Diese simple Zaunmethode hält Ihre Katze im Garten, während sie andere Katzen draußen lässt und unerwünschtes Urinieren vermeidet.

Catscratching.com, www.catscratching.com: Hilfe bei der Vermeidung von zerkratzten Möbeln.

Purrfect Cat Behavior Guide, www.purrfectcatbehavior.com: Behandelt zahlreiche Verhaltensprobleme.

Pferde

Bücher

Lindley, Kathleen. *In the Company of Horses: A Year on the Road With Horseman Mark Rashia*. Boulder, CO: Johnson Books, 2006.

Rashid, Mark. *Life Lessons From a Ranch Horse*. Devon, England: David & Charles, 2004.

Resnick, Carolyn. *Tochter der Mustangs: Mein Leben unter Wildpferden*. Franckh-Kosmos, 2007.

Tellington-Jones, Linda / Bobbie Lieberman: *The Ultimate Horse Behavior and Training Book*. Chicago: Trafalgar Square Books, 2006.

Video

Liberty Training von Carolyn Resnick. Dieses Video über Pferdetraining kann bei www.dancewithhorses.com bestellt werden.

Webseiten

Barefoot Saddle, www.barefootsaddle.com: Informationen über treeless Sättel.

The Bitless Bridle, www.bitlessbridle.com: Diese Seite informiert über Trensen ohne Gebiss.

The Clicker Center, www.theclickercenter.com: Alexandra Kurlands Clickertraining.

Parelli, www.parelli.com: Parelli bietet ein beliebtes natürliches Pferdetrainingsprogramm einschließlich DVDs an.

Tellington TTouch Training, www.ttouch.com: Auf dieser Webseite finden Sie Bücher und DVDs über Linda Tellington Jones' natürliche Trainingsmethoden für Pferde und Hunde.

Heilmethoden und Trainingshilfen

Akupunktur, Akupressur, Heilpraktik Und Jin Shin Jyutsu

Die folgenden Mittel und Methoden sind bei einer ganzen Reihe von Problemen wirksam. Auf der Webseite der American Holistic Veterinary Medical Association (www.holisticvetlist.com) finden Sie Akupunkturspezialisten und Tierheilpraktiker in den USA.

Bücher

Schwartz, Cheryl. *Four Paws Five Directions.* Berkeley, CA: Ten Speed Press and Celestial Art, 1996.

Zidonis, Nancy. *Equine Acupressure: A Working Manual.* Larkspur, CO: Tallgrass Publishers, 1999.

Webseite

Jin Shin Jyutsu for your Animals, www.jsjforyouranimal.com: Informationen und Adele Leas Buch.

Blütenessenzen

Blütenessenzen werden hergestellt, indem die Essenz einer Blume eingefangen wird, und angewendet, um subtile und emotionale Probleme im Körper anzugehen. Blütenessenzen erhält man überall. Hier ist ein Hersteller von holländischen und australischen Blüten:

The Unified Field, www.theunifiedfield.com: Auf dieser Webseite können Sie australische Blumenessenzen und holländische Blütenheilmittel bestellen.

Homöopathie

Homöopathie ist eine Heilmethode, bei der minimale Quantitäten von Substanzen angewendet werden, um die körpereigenen Heilkräfte anzuregen. Zusätzlich zu den unten aufgelisteten Büchern gibt es noch viele weitere Bücher über Homöopathie.

Bücher

Hamilton, Don. *Homeopathic Care for Cats and Dogs: Small Doses for Small Animals.* Berkeley, CA: North Atlantic Books, 1999.

Shaw, Susan. *Homeopathy for Horses: A Layperson's Guide.* Nelson, BC: The Original Farmhouse, 2005.

Massage

Es gibt viele Arten von Massagen für Tiere. Fragen Sie Ihre Freunde und Ihren Tierarzt nach einem ausgebildeten Spezialisten für Körperarbeit an Tieren. Hier finden Sie Quellen, die Ihnen zeigen, wie Sie Ihr Tier selbst massieren können:

Bücher

Ballner, Maryjean. *Cat Massage: A Whiskers-to-Tail Guide to Your Cat's Ultimate Petting Experience.* New York: St. Martin's Griffin, 1997.

Blignault, Karin. *Stretch Exercises for Your Horse: The Path to Perfect Suppleness.* Chicago: Trafalgar Square Books, 2003.

Fox, Michael. *The Healing Touch for Dogs: The Proven Massage Program for Dogs*. New York: Newmarket Press, 2004.

Webseite

Tellington TTouch Training, www.ttouch.com: Linda Tellington Jones' einzigartige Form der Körperarbeit, die sich TTouch nennt.

Hilfe bei vermissten Tieren

Auf der Webseite Pet Rescue (www.petrescue.com) finden Sie Informationen, wie Sie nach einem vermissten Tier suchen können.

Naturschutz

Es gibt Tausende von Wegen, um sich über Naturschutz zu informieren und sich selbst aktiv daran zu beteiligen. Hier nur eine Handvoll:

Alternative Informationsquellen über das, was auf dieser Welt passiert

Architects and Engineers for 9/11 Truth, www.ae911truth.org: Eine neue Sicht der Tragödie des 11. Septembers.

Centre for Research on Globalization, www.globalresearch.ca

Go Left TV, www.goleft.tv

Pacifica National Radio, www.pacifica.org – kann man online hören.

The Corporation, www.thecorporation.com: Nachrichten und Organisationen, die vom gleichnamigen Film inspiriert wurden.

An Inconvenient Truth, www.climatecrisis.net: Nachrichten und Aktionen, die vom Film inspiriert wurden. Deutscher Titel: *Eine unbequeme Wahrheit.*

Organisationen, die sich der Rettung unseres Planeten widmen

Greenpeace, www.greenpeace.org/international

Natural Resources Defense Council, www.nrdc.org

Den Naturschutz leben

Webseiten

Sustainable Communities Network, www.sustainable.org: Bietet Bücher, Informationen und anderes zum aktiven Mitmachen.
Wiser Earth, www.wiserearth.org: Weltweiter Index der sozialen Verantwortung und der Verantwortung für die Umwelt.

Bücher

Hawkins, Paul. *Blessed Unrest: How the Largest Movement in the World Came into Being and Why No One Saw it Coming.* New York: Viking, 2007.

Eine bessere Zukunft für uns und die Welt manifestieren

Bücher

Coates, Denise. *Feel It Real.* New York, NY: Aria Books, 2008.

Losier, Michael J. *Das Gesetz der Anziehung.* Integral, 2007.

McTaggart, Lynne. *Intention wirkt: Das weltweite Gedankenexperiment: Die unglaubliche Kraft fokussierter Energien.* VAK-Verlag, 2007.

Empfehlenswerte Fachliteratur

Intuitive Fähigkeit, Kommunikation und Verbundenheit

Bohm, David. *The Undivided Universe.* New York, Routledge, 1995.

Boone, J. Allen. *Die große Gemeinschaft der Schöpfung.* Reichel Verlag, 2006.

Choquette, Sonia. *The Psychic Pathway: A Workbook for Reawakening the Voice of Your Soul.* New York: Crown Trade Paperbacks, 1995.

Choquette, Sonia. *Trust Your Vibes at Work and Let Them Work for You!* Carlsbad, CA: Hay House, 2006.

Dunbar, Ian. *Before and After Getting Your Puppy: The Positive Approach to Raising a Happy, Healthy and Well-Behaved Dog.* Novato, CA: New World Library, 2004.

Getten, Mary. *Communicating with Orcas: The Whales' Perspective.* Victoria, BC: Trafford Publishing, 2006.

Graff, Dale. *Tracks in the Psychic Wilderness: An Exploration of Remote Viewing, ESP, Precognitive Dreaming and Synchronicity.* Boston: Element Books, 1998.

Goswami, Amit. *Das bewusste Universum.* Lüchow, 2007.

Gurney, Carol. *Die Sprache der Tiere. Kosmos, 2005.*

Harary, Keith / Russell Targ. *The Mind Race: Understanding and Using Psychic Abilities.* New York: Random House, 1984.

Kinkade, Amelia. *Tierisch gute Gespräche.* Reichel Verlag, 2002.

Kinkade, Amelia. *Tierisch einfach – Warum und wie Sie mit Tieren sprechen können.* Reichel Verlag, 2006.

Lasher, Margot. *And Animals Will Teach You: Discovering Ourselves Through Our Relationships With Animals.* New York: Berkeley Books, 1996.

Lauck, Joanne Elizabeth. *The Voice of the Infinite in the Small: Re-Visioning the Insect-Human Connection.* Boston: Shambhala, 2002.

Mackay, Nicci. *Spoken in Whispers: The Autobiography of a Horse Whisperer.* New York: Fireside, 1997.

Masson, Jeffrey / Susan McCarthy. *Wenn Tiere weinen.* Rowohlt, 1996.

McElroy, Susan Chernak. *Tiere als Lehrer und Heiler.* Droemer Knaur 1996.

Myers, Arthur. *Zwiesprache mit Tieren.* Franckh-Kosmos 2000.

Naparstek, Belleruth. *Your Sixth Sense: Activating Your Psychic Potential.* New York: HarperCollins, 1997.

Ostrander, Sheila / Lynn Schroeder. *Psychische Entdeckungen hinter dem eisernen Vorhang.*

Ostrander, Sheila / Lynn Schroeder. *The ESP Papers: Scientists Speak Out from Behind the Iron Curtain.* New York: Bantam Books, 1996.

Radin, Dean. *The Conscious Universe: The Scientific Truth of Psychic Phenomena.* New York: HarperCollins, 1997.

Rose, Ronald. *Primitive Psychic Power.* Toronto: Signet Mystic Books, 1968.

Russell, Peter. *The Global Brain Awakens: Our Next Evolutionary Leap.* Palo Alto, CA: Global Brain, 1995.

Sanders, Pete A. *Das Handbuch übersinnlicher Wahrnehmung*. Windpferd 2004.

Schulz, Mona Lisa. *Intuition – die andere Art des Wissens*. Goldmann 2000.

Schwartz, Gary. *The Afterlife Experiments: Breakthrough Scientific Evidence of Life After Death*. New York: Pocket Books, 2002.

Seed, John / Joanna Macy. *Ganzheitliche Ökologie: Die Konferenz des Lebens, 1989*.

Sheldrake, Rupert. *Der siebte Sinn der Tiere*. Fischer 2007.

Targ, Russell. *Limitless Mind: A Guide to Remote Viewing and Transformation of Consciousness*. Novato, CA: New World Library, 2004.

Targ, Russell / Jane Katra. *Miracles of Mind: Exploring Nonlocal Consciousness and Spiritual Healing*. Novato, CA: New World Library, 1999.

Natur

Andrews, Ted. *Die Botschaft der Krafttiere*. Lübbe 2002.

Andrews, Ted. *Nature-Speak: Signs, Omens & Messages in Nature*. Jackson, TB: Dragonhawk Publishers, 2004.

Bekoff, Marc. *Das unnötige Leiden der Tiere*. Herder 2001.

Grauds, Connie. *Jungle Medicine*. San Rafael, CA: Center for Spirited Medicine, 2004.

Hogan, Linda / Brenda Peterson. *The Sweet Breathing of Plants: Women Writing on the Green World*. New York: North Point Press, 2001.

Johnson, Buffie. *Die große Mutter in ihren Tieren*. Walter Verlag, 1990.

Louv, Richard. *Last Child in the Woods: Saving Our Children from Nature-Deficit Disorder*. Chapel Hill, NC: Algonquin Books, 2005.

Macy, Joanna. *World as Lover, World as Self.* Berkeley, CA: Parallax Press, 1991.

Sams, Jamie / David Carson. *Karten der Kraft.* Windpferd, 2001.

Seed, John / Joanna Macy. *Ganzheitliche Ökologie: Die Konferenz des Lebens* , 1989.

Skafte, Dianne. *Die Wiederkehr der Orakel.* Droemer Knaur, 2001.

Tompkins, Peter / Christopher Bird. *Das geheime Leben der Pflanzen,* Fischer, 1977.

Medizinische Intuition und Energieheilung

Coates, Margit. *Healing for Horses: The Essential Guide to Using Hands-On Healing Energy with Horses.* New York: Sterling Publishers, 2002.

Eden, Donna. *Energy Medicine.* New York: Tarcher, 1999.

Eden, Donna. *The Energy Medicine Kit.* Louisville, CO: Sounds True, 2005.

Motz, Julie. *Hands of Life.* New York: Bantam Books, 1998.

Schulz, Mona Lisa. *Intuition – die andere Art des Wissens.* Goldmann 2000.

Stein, Diane. *Reiki-Essenz.* Neues Bewusstsein, 1997.

Wilde, Clare. *Reiki: Heilende Energie für Pferd und Reiter.* Müller Rüschlikon, 2000.

Wurzeln der ökologischen Krise

Eisler, Riane. *Kelch und Schwert – unsere Geschichte, unsere Zukunft.* Arbor, 2005.

Eisler, Riane. *The Power of Partnership: Seven Relationships that Will Change Your Life*. Novato, CA: New World Library, 2002.

Gimbutas, Marija. *The Civilization of the Goddess*. New York: Thames & Hudson, 2001.

Jensen, Derrick. *A Language Older Than Words*. New York: Context Books, 2000.

Johnson, Buffie. *Die große Mutter in ihren Tieren*. Walter Verlag, 1990.

Lash, John Lamb. *Not in His Image: Gnostic Vision, Sacred Ecology, and the Future of Beliej*. White River Junction, VT: Chelsea Green, 2006.

Macy, Joanna. *Die Reise ins lebendige Leben*. Junfermann, 2004.

Marler, Joan, ed. *From the Realm of the Ancestors*. Manchester, CT: Knowledge, Ideas and Trends, 1997.

Singer, Peter. *Animal Liberation*. New York: Ecco Press, 2001.

Sjoo, Monica. *Return of the Dark/Light Mother or New Age Armageddon?* Austin, TX: Plain View Press, 1999.

Stone, Christopher. *Should Trees Have Standing? And Other Essays on Law, Morals and the Environment*. Dobbs Ferry, NY: Oceana Publications, 1996.

Index

Über die Autorin

Marta Williams hat an der University of California einen Bachelortitel in Erhaltung natürlicher Rohstoffe und an der San Francisco State University den Master's in Biologie erworben. Bevor sie Tierkommunikatorin wurde, arbeitete sie viele Jahre als Naturbiologin und Umweltwissenschaftlerin.

Die Autorin von *Ohne Worte* und *Lautlose Sprache* kommuniziert intuitiv mit allen Tierarten. Sie wird per Telefon und E-Mail für Klienten auf der ganzen Welt tätig. Marta Williams lebt in Nordkalifornien und reist international, um Vorlesungen und Workshops über intuitive Kommunikation mit Tieren und der Natur zu halten. Für einen Beratungstermin oder Informationen über die Teilnahme oder mögliche Leitung eines Workshops besuchen Sie ihre Webseite unter www.martawilliams.com.

Weitere Bücher von Marta Williams

Lautlose Sprache
Intuitive Kommunikation mit Tieren und Natur
306 S. geb. € 18,50 - ISBN 978-3-926388-73-5

Ein klar strukturiertes Praxis- und Übungsbuch für alle, die die Erde ihr Zuhause nennen.

Ohne Worte
Mit Tieren und Natur sprechen
195 S. geb. € 18,50, viele Fotos
ISBN 978-3-926388-80-3

Authentische, faszinierende Berichte dokumentieren die enge Verbindung zwischen Mensch, Natur und Tieren und inspirieren, die intuitive Kommunikation zu erlernen..

Hund, Katze, Maus
Ein Tiersprachkurs für Kinder von 7-14 Jahren
68 S. geb. viele Farbfotos, € 13,30
ISBN978-3-926388-85-8

Fantasievolle Spiele und Erlebnisberichte ermuntern die Kommuniktion von Kindern mit Haustieren und frei lebenden Tieren.